Osprey Military New Vanguard
オスプレイ・ミリタリー・シリーズ

「世界の戦車イラストレイテッド」
35

# クロムウェル巡航戦車 1942-1950

[著]
デイヴィッド・フレッチャー×リチャード・C・ハーレイ

[カラー・イラスト]
ピーター・サースン

[訳者]
篠原比佐人

# Cromwell Cruiser Tank 1942-50

Text by
David Fletcher
Richard C Harley

Colour Plates by
Peter Sarson

大日本絵画

# 目次 contents

| 頁 | 章 |
|---|---|
| 3 | 起原 GENESIS |
| 5 | A24キャヴァリア戦車 CAVALIER DESCRIBED |
| 7 | キャヴァリアの製産 CAVALIER PRODUCTION |
| 9 | ロールス・ロイス登場 ENTER ROLLS-ROYCE |
| 13 | 主砲 THE GUNS |
| 14 | マークとタイプ——クロムウェルの分類法 MARKS AND TYPES |
| 18 | 米国派遣団 GOING WEST |
| 19 | 試練と苦難 TRIALS AND TRIBULATIONS |
| 22 | 戦場のクロムウェル CROMWELL IN ACTION |
| 24 | 大戦中の派性型及び特殊車両 WARTIME VARIANTS AND SPECIALIST VEHICLES |
| 39 | 大戦後の開発 POST-WAR DEVELOPMENTS |
| 42 | 結語 CONCLUSION |
| 25 | カラー・イラスト |
| 44 | カラー・イラスト 解説 |

◎著者紹介

**デイヴィッド・フレッチャー　David Fletcher**
1942年生まれ。40年以上にわたって第一次、第二次両大戦の英国装甲車両発達史を研究。英国ボーヴィントンの「タンク・ミュージアム」の戦史研究員を勤めながら、これまでに軍事を主題とした何十冊もの著作をものし、多くの記事を発表している。

**リチャード・C・ハーレイ　Richard C Harley**
1953年生まれ。これまで30年以上にわたって模型製作、図面の作成、英国軍事車両の研究を継続し、多くの記事と図面を専門誌『タンケッテ』『センチュリオン』『AFVニュース』で発表。クロムウェル戦車ファミリーに関する25年におよぶ研究の最新成果は、本書に反映されている。

**ピーター・サースン　Peter Sarson**
世界でもっとも経験を積んだミリタリー・アーティストのひとりであり、英国オスプレイ社の出版物に数多くのイラストを発表。細部まで描かれた内部構造図は「世界の戦車イラストレイテッド」シリーズの特徴となっている。

# クロムウェル巡航戦車 1942-1950
## Cromwell Cruiser Tank 1942-50

### GENESIS
# 起原

　1940年の夏、ヴィヴィヤン・ポープ准将はフランスを去る前にロンドン陸軍省の同僚へ緊急便を送った。そのなかでもっとも重要な段落には以下のようなことが記されていた。「我々の戦闘車両にはいま以上に厚い装甲が必要である。またすべての戦車に大口径砲を搭載すべきである。現状をしのぐなら2ポンド砲で十分であるが、それも辛うじてだ。有効性はほぼ限界に達している。さらに優れた砲の搭載が"必須"であり、これは40mmから80mmの厚さをもつ装甲の後ろに配置されなければならない」。英国大陸派遣軍（British Expeditionary Force＝BEF）司令ゴート卿の装甲戦闘車両顧問であったポープ准将は、この手紙を使者に託した。フランスの戦いは散々な結果に終わり、彼自身、本国に無事辿り着けるか確信できなかったのだ。
　この手紙が絶望者の進言と受け取られたとしても、ポープ准将がフランスで不快な現実に学んだことは確かであった。しかし、残念なことに准将は間に合わなかった。
　なぜなら次世代戦車の生産がすでに始まっていたからだ。巡航戦車カヴェナンター及びクルセーダー［本シリーズVol.16『クルセーダー巡航戦車 1939－1945』を参照］の装甲強化は緊急措置として許可された。しかし、主砲についてこの時点で為す術はなかった。英国はフランスでの大敗によって戦闘車両のほとんどを失い、差し迫る侵略の脅威にさらされていた。こうした状況の下、現存する戦車の量産を継続することで数を揃え、新戦車開発につきものである生産の停滞を避けることは必定であった。さらに中東からの要請にも答えなければならなかった。英国の戦車開発を2年にもわたって停滞させたといわれるフランスでの損害は、対戦車砲の開発においても同様の影響を与えていた。
　6ポンド砲の名で知られる、性能の向上した57mm対戦車砲の開発は、1939年に量産可能な段階まで進んでいた。しかしこれもまたフランス戦の影響により、1941年11月まで何も手を着けられなくなり、その後の優先権も戦車砲ではなく牽引式対戦車砲に与えられてしまった。ポープ准将は

防寒着で寒さから首を護りながら、カノックチェイスの敷地にて国王夫妻の到着を待つキャヴァリア初期生産型の乗員。女王陛下はこの後、同車を当初の名称である「クロムウェル」の名で公表する。

生きて彼の提案した新型主砲搭載戦車を見ることはできなかった。彼は1941年10月に飛行機に搭乗して戦死し、新6ポンド主砲を搭載したクルセーダーが中東に到着するのは1942年夏のことであった。

ポープ准将がその手紙のなかで、優れた主砲の搭載よりも、むしろ装甲の強化を主張していることは興味深い。しかし、開戦時、カヴェナンターとクルセーダーがすでに設計段階に入っており、搭載可能な砲が2ポンド砲［実際の口径は40mm］しかなかったことを考慮すると、これは致し方ないことであろう。カヴェナンター、そしてクルセーダーも、後により大口径な主砲を搭載できるような設計ではなかった。そして、こうした技術的洞察力の欠如は、当時の陸軍省に蔓延していた典型的な無干渉主義がもたらした最大の問題点だった。

レスターの第8戦車工廠で、観測任務用に改修されたキャヴァリア「タイプB」戦車。王立砲兵第65「ハイランド」中砲連隊に配備するため、装備キット一式を準備中の光景。

それでもポープ准将の言葉は急所を突いたようである。1940年7月、フランス戦での敗北の直後、陸軍省が新型巡航戦車に要求した基本仕様は、前面装甲厚を最大75mm（2.95インチ）、ターレットリングの直径を1524mm（60インチ）にするというものだった。砲について具体的な言及はなかったが、6ポンド砲を選択すべきことに疑う余地はない。ところがこの時、舞台袖で秘密裡に別な仕様を用意して待ち構える者たちがいた。それは2ポンド対戦車砲3門、3インチ榴弾砲と7.92mmBESA機関銃を搭載する戦車案で、砲手、そして装填手にとって悪夢以外の何ものでもなかった。

戦車案の背後を晩餐会の幽霊のように漂っていたのは、アルバート・スターン大佐と彼の「特殊車両開発委員会」（Special Vehicle Development Committee = SVDC）——「THE OLD GANG」の名で知られていた——だった。1915年に最初の戦車を開発したメンバーの生き残りである。多くは引退すべき年齢をとうに過ぎており、超重突破戦車——第一次大戦の『陸上戦艦』がよみがえったような——TOG1及びTOG2［TOGはThe Old Gangの略］の開発で、英国陸軍に対し2つの罪を犯したばかりだった。計画が莫大な予算を浪費したあげくに頓挫したのだ。しかし、設計者たちはその地位に留まり続けて、未来の戦車設計と対立する巡航戦車の仕様を、スターン大佐の強権でねじ込んできたのだった。結局、良識が最後に勝利を収め、新型巡航戦車開発プロジェクトは以下の競争者が提出した3つに絞られた。

■ヴォクスホール・モーターズ社：
すでに着手していた歩兵戦車チャーチルをベースに開発。
■ナフィールド・メカナイゼーション＆エアロ社：
実質的にクルセーダー戦車の改良型。
■バーミンガム・レールウェイ・キャリッジ＆ワゴン（BRCW）社：
ナフィールド社提供の設計とほぼ同じであるが、より軽量化を目指し同社の選択したサスペンション、そして履帯を採用した車両による開発。

こうした設計仕様を発展させるには時間が必要であり、平時ならそれも許されよう。しかし、この緊迫した時期にあっても、1941年1月17日に行われた戦車局による会議に至

るまで、計画の検討は十分に進んでいなかった。したがって当時の状況下で、戦車設計部門がこのなかからもっとも「近道」であるナフィールド社の設計仕様に注目し、彼らの提出した参謀本部制式ナンバーA24を承認したことは、その提案内容を考えると当然の成り行きといえた。最初の6両は1月29日付で発注され、ナフィールド社は1942年春までに生産を開始することとされた。

　ナフィールド社の計画が採用された背景には、以下のような事情があった。前年のフランスにおける英軍の潰走とは対照的に、英国製巡航戦車は北アフリカ戦線でその存在感を示しつつあった。戦車局が会議を続けている間も、第7機甲師団所属の巡航戦車はキレナイカで不毛の砂漠を突き進み、最終的に海岸線付近を撤退中であった巨大なイタリア軍を捕捉、撃破する成果を挙げていた。この勝利の知らせと当時の切迫した状況から、軍需大臣及び彼の戦車局は、現存する部品を可能な限り有効利用できる戦車を選び、採用することにしたのだ。彼らはこれにより試作車両の開発に必要となる膨大な時間と労力を削減できると見込んでいたため、細部確認用に数量の先行車両を用意し、そのまま量産体制に移行することにした。

　戦車及び輸送車両監督のジェフリー・ゴードンはその立場からこれに賛成したが、発言を封じられた。大惨事への「近道」にすぎないと指摘したのだ。この時もし、ベースとなるクルセーダーそのものが深刻な欠陥を抱えた戦車であることを知っていたなら、局長は自身の意見を押し通したのではなかろうか。

## CAVALIER DESCRIBED

# A24キャヴァリア戦車

　当初、クロムウェルの名を与えられたA24巡航戦車MkVIIは、一見したところまるで子供の描いたスケッチの様であった。単純な長方形の車体に箱のような砲塔を載せ——戦車の必需品である砲身はここから前方に突き出している——、大きな転輪が車体の側面に並んでいるという具合である。スマートで速そうなクルセーダー戦車の面影はどこにもなかった。装甲板のほとんどは垂直か水平な面で構成されていた。このため、クルセーダーとの車高差がわずかに152mm（6インチ）だったにもかかわらず、クロムウェルはその姿を実際よりもかなり大きく見せていた。また、車体そのものはクルセーダー戦車よりも長くそして幅広であった。

　大口径の砲を搭載するには後座量（リコイル）に対して十分な空間が必要である。そのためには直径の大きなターレットリングを設計しなければならず、車台を大型化することが必要不可欠となる。主砲に関することだけに、これは大変重要な問題だった。

　英軍戦車の主砲は王立機甲軍団のドクトリン［行進間射撃における敵戦闘車両の撃破］に基づいて、依然として「フリー・エレベーション」、すなわち砲手が砲架に肩付けして身体の屈伸で行う人力式で俯仰するように搭載されていた。主砲はロックを解除した時に砲尾側がわずかに重くなるバランスで砲耳に取りつけられ、このため砲手は主砲を上にも下にも容易に動かすことができるようになっていた。この方式は英軍戦車の行進間射撃を可能にするために定められたものであった。行進の間、砲手は額を照準用望遠鏡の衝撃パッドに押し付け、一方の腕で砲塔旋回装置のハンドルを握る。そして不整地を疾駆する戦車内で膝をやや屈した姿勢に耐え続けながら砲架を支持し、暴れる主砲のバランス

をとりながら「人間スタビライザー」、すなわち砲安定装置の役割を果たす。こうして砲手は移動しながら敵を追尾、砲撃して撃破することが可能になり、高速で移動する彼の戦車は、敵にとって撃破困難な目標になる。訓練時間を十分に与えられ、弾薬の取り扱いに熟知した砲手が「信頼できる」戦車に搭乗すれば、このドクトリンはつねに問題なく機能するというわけであった。

　さて、後に登場するセントー及びクロムウェルは開発の経緯から、「キャヴァリア」として配備されることになるこのA24戦車と物理的に似ている部分が多い。まずはこの最初の戦車、A24から一連のシリーズに共通する基本的特徴を紹介し、残りに関しては他の形式を解説する際に、相違点を言及することにしよう。

［「キャヴァリア」は17世紀チャールズ1世の時代に、オリヴァー・クロムウェルの清教徒と対立した王党派の意。名称の変更は、英国人にとってイギリス共和制を武力で勝ちとった歴史上の英雄であるクロムウェルの名の使用を、それに相応しい戦車が完成するまで保留したからだといわれている］

　車体の内部は――外形的特徴の多くは写真や図から判別できるだろうが――前部から後部にかけて4つの異なる区画に分けられる。それぞれを仕切るのは、内部補剛材を兼ねる非密閉式の隔壁である。もっとも狭いのは前部区画で、右側に操縦手が、左側に車体機関銃手が座る。さらに2人の間には短い縦方向の仕切りがある。砲塔を設置する車体の中央部が戦闘室区画で、その後方、乗員とエンジンルームの間にある隔壁は防火壁を兼ねている。エンジンルーム後方に最後の隔壁があり、その後方が変速機及び終減速機を収める区画になっている。

## 装甲
### Armour

　英国は原則的に、ドイツ軍が使用した被帽徹甲弾［Armor Piercing Capped＝APC：弾着時に跳飛しにくいよう、砲弾先端にキャップを付けたもの］を防ぐのにもっとも効果的な均質圧延防弾装甲を好んでいた。一方、ドイツは徹甲弾［Armor Piercing＝AP：高張力鋼などで作られた全口径砲弾］を弾くのに適している、表面硬化処理を施した装甲板を好んだ。しかし、1941年当時の英国の製造技術では、この原則に見合うすべての品質の装甲板を必ず量産できたわけではなく、35mm（1.37インチ）以上の厚みをもつ装甲は被弾時、装甲の内側が剥離して飛散する傾向があった。このため新型巡航戦車の車体前面とバイザープレートは、2層の薄い装甲板を重ね合わせたものになった。また、クルセーダーと同様な2層構造の装甲が車体下部側面に採用され、クリスティー・サスペンションのユニットは、内側と外側の装甲に挟みこむサンドイッチ式であった。

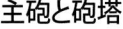

フル装備のキャヴァリアMkI回収車。前方には初期の戦車回収車両を代表するキャタピラ社製D8大型トラクターが見える。車体後部に搭載された長短のホルボーン（Hollebone）牽引バー、車体上部左側に折りたたまれた前部装着用ジブクレーンのアーム、そして牽引ケーブルとスナッチブロック（滑車）などの装備が写真から確認できる。

## 主砲と砲塔
### Gun & Turret

　砲塔は直立する6面の装甲板で構成されていることを除けば、カヴェナンターやクルセーダーと大差ない構造であった。内側のフレームは溶接で組み立てられ、そして外側の分厚い装甲にボルト止めされていた。この当時、戦車設計部門はそれまで主流だったリベット接合式装甲から完全溶接装甲という新コンセプトへの転換に、まだ苦しみ続けていた［技術的問題以外に熟練溶接工の不足もあった］。内装フレームと外部装甲の接合に

1944年3月、ウィンストン・チャーチル首相が第2ウエールズ「近衛」連隊第2中隊所属のクロムウェルMkIVを査閲する。同連隊は敵から視認されにくいように、すべてのマーキングを車体の低い位置に書き込んでいる。中隊長車には、それにふさわしい名称、「ブレニム（Blenheim）」が与えられていた。砲塔上部の装備はPLM銃架であるが、機関銃は装備されていない。

リベットを用いると、被弾した際、外側からの衝撃によってリベットが内部で弾丸のように飛び散る可能性があった。そのため接合には太くて頑丈なボルトが用いられた。側面装甲板にねじ込まれたボルトの頭は、まるで吹き出物のようにみえた。

主武装は旋条式の新型6ポンド速射砲QF 57mm MkIIIであった［QF = quick fireは速射（砲）の意］。これは戦車砲として最初に設計された6ポンド砲で、空冷式7.92mm BESA同軸機関銃——2挺目のBESA機関銃は操縦士の左側に搭載——と望遠式照準器（No39MkIS）がその左側に装備された。砲塔上面には後込式2インチ爆弾発射器［実質的には発煙弾発射器］が取りつけられた。

主砲防盾は砲塔前面開口部の奥、つまり砲塔の内側に装備された。これはあまり一般的ではない方式だった。戦車兵たちは前面開口部の作る影は敵に格好の的を提供するものであると——あくまで迷信であると思われるが——信じていたため、このやりかたを好ましく思わなかった

### エンジン、変速機、サスペンション
Engine, Transmission and Suspension

ナフィールド・リバティーエンジンの性能向上型（MkIV）は高回転域においてより多くの馬力をもたらした。しかし、機械的にみればキャヴァリアとクルセーダーはまったく同じものにすぎなかった。エンジン出力は多板式クラッチを介して5速及び後進変速機に伝達され、さらにウィルソン式二速遊星歯車操向装置から終減速機を経て、最後に起動輪へと送られた。変速と操向ブレーキの制御は圧搾空気で行われた。サスペンションはナフィールド卿［ウィリアム・モーリス（1877〜1963）。モーリス・モーターズ社の創業者で、ナフィールド社も卿の会社。英国政官界に大きな影響力をもっていた］が英国に紹介し、クルセーダーに採用されたクリスティーシステムを単純に強化したものであった。増加した重量にはナフィールドのエンジニアたちがサスペンションアームの長さを短くすることで対応した。これによりキャヴァリアの乗り心地は、その先輩車両と比較してかなり悪化することになった。マンガン鋼製の履帯は幅355mm（14インチ）、ピッチ101mm（4インチ）、片側124枚ずつドライピン方式で接合されていた。

## CAVALIER PRODUCTION
## キャヴァリアの製産

英国における戦車の製造はいわゆるパレンテージ（親子関係）に基づいて行われ、親会社が製造の全体的責任を負っていた。キャヴァリア戦車の場合、ナフィールド社が親であり、同社の下請業者はリバティーエンジンを供給したモーリス・モーターズ社に代表さ

れる部品製造会社と、戦車組み立ての全工程を引き受けたリンカーンのラストン＆ホーンズビー有限会社の2系統からなっていた。

　彼らにはキャヴァリア戦車の製造を推進しようとする努力が欠けているように見えた。それどころか、1941年12月になってやっと、ルルワース砲術学校でプロトタイプの試射にこぎつけるといったありさまだった。同年8月には、「ネイヴァル・ランド・イクイップメント・プロジェクト」［Nellie：Naval Land Equipment。第一次大戦の塹壕陣地戦の経験を踏まえて考案された強大な塹壕掘削機に、コンパクトで高出力なエンジンを搭載するために発足されたプロジェクト。1940年、フランスでの敗戦によりこの計画は消滅した］がキャヴァリアの開発にまで影響を及ぼしていると主張されていた。しかし、実のところ問題は砲塔にあった。12月までに準備が完了しないことは、当時から明白だった。

　年が明けて1週間も過ぎないうちに、キャヴァリア戦車の製造数は――以下に述べる理由から――500両に削減された。試作1号車がファーンバラにおいてテストされたのは1942年3月のことであり、キャヴァリア・プログラムはこの時点においてすでに4カ月遅れていた。このころになるとクルセーダー戦車のもつ明らかな欠陥の数々が、砂漠の戦線から引っ切りなしに報告されるようになっていた。キャヴァリアの欠陥箇所はそれらの報告と完全に一致していた。水冷式冷却装置、ファン・ドライブ、エンジンのベアリングなどである。試作初号車は改善のためナフィールド社に送り返されたが、その後同車両は深刻なエンジン故障に見舞われた。未だ満足に値せず、これが機械化実験局（Mechanization Experimental Establishment＝MEE）の判定だった。

　1943年2月13日、キャヴァリアの運命はAFV連絡委員会の会議において決定した。それまでに事態はさまざまな進展を見せており、A24型巡航戦車には――ライバル戦車とは異なり――、新型75mmまたは95mm榴弾砲を採用しない旨がその場で合意された。最終的に160両は6ポンド砲を搭載し、残りの340両を観測戦車として製造することになった。この決定は戦闘型としての登録抹消を意味していた。しかし、重要な補助任務にはまだ適正であると認められた。

## キャヴァリア砲兵観測戦車
Observation Post Tank

　観測戦車は移動通信所として最前線に位置し、後方に控える砲兵に支援砲撃に関する情報を伝達する。外見上は他の戦車と変わりないが、これは狼の毛皮を被った羊であった。めまぐるしく変化する戦況の下、困難な場面に的確に対応するためには、瞬時に情報伝達を行い砲兵による支援射撃を要求することが測り知れぬほど貴重である。この任務は前進観測将校（Forward Observation Officer＝FOO）を有する王立砲兵中隊により実施された。

　彼らの「職場」はスペースを確保するために6ポンド主砲を除去した砲塔であった。BESA機関銃は残され、同車の特別な任務を隠すためのダミー砲が設置された。砲塔にはNo19無線機2基及びNo18無線機1基が車長と無線手用に装備された。前面機関銃は

観測車両ではあるが、1948年以降のクロムウェルMkIV、タイプF車体をよく捉えた写真。砲塔上の突起物は全周囲視認キューポラ、後期型ベーンサイト（照準補助具）。砲塔側面左右には収納箱が装着されている。

取り除かれ、そのスペースには補助発電機（「タイニー・ティム」または「チョア・ホース」（雑用馬）型）、予備バッテリー3組、そしてケーブルリール3基が設置された。補助発電機用の排気管と消音装置は車体天井に置かれていた。ケーブルリール用の取り付け金具は後部フェンダーの上に設置されていた。その他、外見上の改修箇所は砲塔上に増設された無線アンテナのみである。

### 装甲回収車
**Armoured Recovery Vehicle**

陸軍省回収委員会の決定に従い、防御を施した牽引車によって戦場から損傷戦車を回収することが義務付けられた。回収実験部はこの用途のために一連の無砲塔戦車をテストした。原則はそれぞれのクラスの戦車に対して同クラスの装甲回収車（ARV）を提供することであり、当然、キャヴァリアの試作装甲回収車も登場した。戦車を改造した回収車の牽引力には限界があるため、作業力を増すために複滑車システムが導入され、回収車には重量部品を取り扱うための携行式ジブクレーンと巻き上げ機が装備された。しかし、キャヴァリア装甲回収車の計画は、サポートするはずだった戦車の運命に伴い、最終的に放棄された。

**ENTER ROLLS-ROYCE**
# ロールス・ロイス登場

クロムウェル伝説（サーガ）の第2幕は、第二次大戦の英国戦車開発史において、他に比べるものがないもっとも感動的な場面となった。これは英国自動車産業界のいわゆる「長老たち」（オールドボーイス）の人脈によってもたらされた。名門レイランド・モーターズ王朝の3代目、ヘンリー・スパリアーは英国当局の戦車設計方針に批判的で、ことにエンジンに関して顕著だった。レイランド社がすでに戦車製造に深く関与しているなかで、彼はその危惧をロールス・ロイス社のウィリアム・アーサー・ロボサムに打ち明けた。これが驚くべき結果を生み出すことになった。ロボサムはロールス・ロイス社の実験部門の主任であったが、同部門は戦争による影響のために本流から外されていた。このため自由な見地からこの問題を考察できたロボサムと彼のチームは、同社製の優秀なV型12気筒マーリン航空機エンジン［スピットファイア戦闘機など、多くの英国航空機の心臓部に採用されていた］に改良を加えれば、戦車への搭載が可能であると結論づけた。これが600馬力を有するロールス・ロイス・ミーティアエンジンである。

軍需省（MOS）はこの成果を相当誇らしく思ったに違いない。開発に関する本を大戦末期に刊行している。2つのエンジンを比較した図表は主な改造点——スーパーチャージャー（過給機）の撤去、ギアケースの変更、冷却用ファンベルト

1943年8月、ダービーシャー州ベルパーのロールス・ロイス、クラン鋳造工場で撮影されたクロムウェル「パイロットD」試作車両。車体上部前面のアップリケ増加装甲、幅広の履帯、そして溶接式砲塔をよく捉えた写真。

と補器の追加等——を示している。マーリンの転用は理想的な解決策と思われた。しかし、問題があった。軍需省は戦車製造を管理していたが、ロールス・ロイス社のように航空機用エンジン製造を受け持つ会社は航空産業省（MAP）の管轄に属していた。ミーティアエンジンの80％はマーリンと部品を共有しており、マーリンエンジンにはきわめて高い需要があった。これはミーティアエンジンの製造が絶えず遅れることを意味し、その結果、クロムウェルの製造自体にも影響を及ぼすことになった。この問題の解決は1944年に軍需省管轄下の製造業者、ヘンリー・メドウズ社がミーティアエンジンの製造を開始するまで待たねばならなかった。

　1941年5月、試験のためにミーティアエンジンが2両のクルセーダー戦車に搭載された。1両の戦車は時速80km（50mph）まで到達したとされている。しかし、時間との競争のなか、ロボサムのチームがまだ大きな問題を抱えていることは明白であった。この強力なエンジンを確実に冷却する方法を捜さなければならなかった。キャヴァリア戦車のラジエーターはエンジンと燃料タンクに挟まれ、エンジンを冷却するには自身の出力から80馬力（13％）を必要とした。ロールス・ロイス社は新しいレイアウトを採用した横置き式ラジエーターを開発。高効率ファンドライブを有した同製品はわずか32馬力（5％）のエンジン出力を使用することにより、毎分509.7立法センチの空気をエンジンコンパートメントに送り込むという驚くべき数値を示した。冷却装置に加え変速装置にも問題があった。クルセーダーに由来するシステムを採用したキャヴァリアの操向変速装置は、単純ではあったがパワーを浪費するものであった。そしてこの時期にはより高性能なタイプが存在していた。なかでももっとも有力視されていたのはデイヴィッド・ブラウン・トラクター社のヘンリー・メリットによるトリプル・ディファレンシャル・ステアリングシステムであった。それは5段変速及び後進ギアボックスで選択されたギアにより、片側の履帯だけを回転させながら旋回を行うそれまでの信地旋回ではなく、より自然な動き（両側の履帯をそれぞれ反対方向に回転させる車体を中心とした旋回行動。いわゆる超信地旋回）を可能にした。

### 巡航戦車MkVIII　A27Mクロムウェル
Cruiser Mark VIII A27M Cromwell

　新型エンジン、そして新型操向変速機をキャヴァリアへ導入する、これこそが合理的な判断のはずだった。しかし、ナフィールド卿は耳をかさなかった。オリジナルの設計に大幅な改良が必要であったにせよ、決して不可能なことではなく、戦車製造を加速させることもできたであろう。だが、ナフィールド卿はあくまで自身の意見を主張し、したいように振る舞い続けた。彼の会社はその後2年間も、まったく無駄な500両のキャヴァリアを製造し続けた［リバティーエンジンは第一次世界大戦中にアメリカが開発した旧式の航空機用V型12気筒液冷ガソリンエンジンである。一説にはナフィールド卿が、自社がライセンス生産権をもつ同エンジンの導入にこだわっていたためであるとされている］。

　クロムウェル戦車と先に採用されたキャヴァリアは、一見したところ違いが解らないほど似ていた。これは設計仕様の成り立ちにまでさかのぼれば当然だろう。BRCW社製のクロムウェル試作1号車は1942年1月に走行可能な段階に至った。試験を重ねた結果、関係者は「非常に良好」という高い評価を与えた。この評価が、あくまで軍が当時使用可能であった他の車両と比較しての判断だったという向

チャーツィーにおいて1943年に撮影された試作車両。斜め上方から撮影されたことによって、BRCW社が2両制作した溶接式単板装甲のクロムウェルの特徴——ヴォクスホール社設計の砲塔、A33形式のドライバーズハッチ［開口部を車体前面に移し、砲塔との干渉を避けた小型のハッチ］など——が確認できる。

[これは「戦闘車両性能証明編成 (Fighting Vihicle Providing Establishment) 3000マイル走行試験」に参加した一両。この溶接接合クロムウェルMkVIIwはアップリケ装甲を未着装のため、バラストを追加して不足分の重量を補っている。このアングルからは牽引フック及び発煙弾発射器も見ることができる。[車体後面にFighting Vihcle Providing Establishmentの頭文字「FVPE」その下に「ON TEST＝試験中」の文字が確認できる]

きもあるが、それは本質的な問題ではないだろう。いずれにせよ開発は有望視されたため、1942年春にクロムウェル戦車の製造を拡大することが決定された。その結果多くの業者がこのグループに加わることになった。

規模の拡張は避けることのできない問題を引き起こした。それらは、ある評論家によると「頑固な習慣」によってもたらされたものであった。わずかな問題のみを明記するにとどまるが、こうした業者は、「保守的なヴィクトリア朝の気風がまるでコンクリートのように固まって、たとえそれが戦時下の要求であっても、時代の流れに伴ういかなる変化も拒み続ける」というのである。こうした問題点を示すのに十分な一例が後に浮上した。英国北東部のある鉄鋼所はクロムウェル戦車の前面装甲板製造に携わっていた。しかし、ここの製品はあまりにも質が悪く、100両もの新型戦車にはその乗員たちに対して、適切な装甲板で組み立てられていない旨を示す赤い三角形の注意書きを施される始末だった。

問題の根本は種々雑多な納入業者にあるように思われた。増加し続ける膨大な装甲板の需要に直面し、直接これを関連する当局、鉄鋼資材の管理局は「クロムウェル生産連合」と呼ばれた雑多な小企業を組織化し、管理することにした。どの業者も防弾鋼板製造の全工程を請け負う能力をもっていなかったが、工程を分担することは可能であった。製造されたあるプレートが別会社で熱処理を受けた後、第3の業者が圧延を担当するといった具合で作業を流そうというのである。結局、当初は大変な慢性的混乱に陥ることになった。品質は絶望的なまでに均一化できず、そこからの脱却には相当な時間を費やさなければならなかった。

クロムウェルの最高速度は時速64km（40mph）に達することが予想された。これは車重が26.5メートルトン（27英トン）にも及ぶ戦車を支えるサスペンションに、相当な負担を強いることを意味した。設計陣は各転輪ステーションのスプリング数を倍増し、ショックアブソーバーを両サイド中心部分以外のすべてのサスペンションに組みこんだ。また、長めのサスペンションアームに戻すことにより、クロムウェルはキャヴァリアに比べてより快適な走行性能を乗員に提供するはずであった。重量級のサスペンションを与えられ、スプリングを強化されてクロムウェルの性能は向上した。また、より車重の分散が可能な393mm（15.5インチ）幅の履帯を装着した数タイプが存在した。

### 巡航戦車MkVIII　A27Lセントー
Cruiser Mark VIII A27L Centaur

セントー［ギリシャ神話に登場する半人半馬の怪物、「ケンタウルス」］戦車は先祖がえりとでも説明したほうがよさそうである。W・A・ロボサムを迎え入れ、ミーティアエンジンの開発を促したヘンリー・スパリアーとレイランド・モーターズ社は、一方でロールス・ロイスエンジンに適した冷却装置を供給する可能性について不安を表明するようになっていた。そして1941年7月、彼らは計画から撤退した。これはその後の展開を考えるとあまりに馬鹿げた判断であった。これを承認した当局はおろかである。

しかし、レイランド・モーターズ社が戦車の製造権まで失うことはなかった。参謀本部は妥協案として、旧式のナフィールド社製リバティーエンジン搭載を搭載するMkVクル

セーダーを発展させた、クロムウェル戦車に準じる車両の製造を認可した。この決定で興味深いのはその内容が、実質的にクロムウェル戦車を要求していた点である。その結果、セント試作2号車からは、リバティーエンジンをミーティアエンジンへ換装可能なように改修が施された。こうして当初、クロムウェルとして開発が始まった巡航戦車は、3種類が制式配備されることになった。それぞれの名称は以下の通りである。

■巡航戦車MkVII A24 キャヴァリア（元クロムウェルI）
■巡航戦車MkVIII A27L セントー（元クロムウェルII）
■巡航戦車MkVIII A27M クロムウェル（元クロムウェルIII）
[LとMはそれぞれリバティー及びミーティアエンジンを表す頭文字]

　セントーは単にリバティーエンジンを搭載した暫定型のクロムウェルではない。細かい違いが随所にみられた。セントーはクルセーダー、キャヴァリアと同じくウォームギアで履帯の緊張を調節する内装式のシステムを採用していたが、クロムウェルはラチェットホイール（つめ歯車）式の外装式履帯緊張装置を採用していた。またセントーには補助エアインテイク、そして後部デッキ上の装甲カバーが不必要であったために、後部の車重がクロムウェルより軽減されていた。このため後方の2つの転輪ステーションには増加スプリングは装着されず、ショックアブソーバーもクロムウェル戦車の各側面に4つではなく3つとされた。

　その後、セントーは決して戦場で通用するような戦車ではないことが判明した。しかし、否定的な結論に至る試験が終了する以前に、当局は300両のセントーを訓練専用車両とし、続く166両に関しては改修を加えるという決定を下してしまった。セントー・プロジェクトはこの英国史上重大な局面において、貴重な労力と資材の完全な無駄使いであった。

## ハイブリッド生産
The hybrids

　セントーとクロムウェル戦車の類似点から、単純にエンジンを交換すれば車種を変更できるように考えがちである。しかし、実際はそう簡単なことではなかった。まず、その「変更」が可能かどうかを見極めるための作業が行われた。初期に製作された数両のセントーにミーティアエンジンを搭載し、クロムウェルMkIIIまたはクロムウェルMkXの型式が与えられた。この車両を用いて1942年に一連の試験が実施された。

　1943年の初め、イングリッシュ・エレクトリック社はセントー製造グループから離脱してクロムウェル製造グループに加わった。同社はセントー用の車体とサスペンションの生産を継続し、これらにミーティアエンジン、クラッチ、そしてファン・ドライブを搭載して新型クロムウェル、MkIIまたはMkIVとして（搭載砲による違い）送り出した。この措置はBRCW社の負担を軽減することになり、同社のクロムウェルとチャレンジャー

■クロムウェル型戦車が搭載した主砲と性能 1941〜54年

| 主砲 | 搭載車輌 | 弾薬 |
|---|---|---|
| 2ポンド砲MkIX、X | 主砲3門＋3インチ榴弾砲＋BESA機関銃をA24に搭載する案、実施されなかった。 | AP<br>AP HV/T |
| 6ポンド砲MkV | キャバリアI、セントーI、<br>クロムウェルI、II、III | APC<br>APCBC<br>APDS |
| 95mm砲MkI | セントーIV、クロムウェルVI、VIII | HEAT |
| 75mm砲MkV、VA | セントーIII、クロムウェルIV、V、<br>Vw、VIIw、VII、A33E1 & E2 | AP M72<br>APC M61 |
| 76mm砲M 1 A1 | A34に米76mm砲搭載が提案<br>されたが採用されなかった。 | APC M62<br>APCR M93 |
| 17ポンド砲MkII、VII | A30チャレンジャー、<br>SP2アヴェンジャー | APCBC<br>APDS |
| 77mm砲MkI | A34 コメット | APCBC<br>APDS |
| 20ポンド砲Mk1 | FV4101チャリオティア | APCBC<br>APDSMk3 |

戦車の開発継続を助けた。

## THE GUNS
# 主砲

　戦車は主砲次第で決まるといえるなら、クロムウェルとそのいとこたちは主砲開発の段階でつまづいていた。新型戦車が開発されていた時期、巡航戦車は対戦車戦闘専門の兵器として認識されていた。しかし、砂漠での経験はその考え方をすべて変えてしまった。ロンメル将軍による戦車と対戦車砲から成る混成部隊の運用は、英軍に榴弾及び徹甲弾の両方を発射できる多目的砲が早急に必要なことを認識させることになった。

　最初の戦車用6ポンド砲、MkIIIは砲身長43口径で1828m（2000ヤード）の距離から56mm（2.18インチ）の装甲を貫通できる仮帽付被帽徹甲弾（APCBC）を発射できた。

　1943年にMkIII戦車砲の後継となった長砲身MkVも同程度の威力をもっていたが、いずれの砲も対戦車砲や野戦構築物の破壊に有効な榴弾を撃つことができなかった。この問題はヴィッカース社製57mm砲の口径を75mmに拡張し、米国製シャーマン戦車の榴弾と徹甲弾の装填を可能にすることによって——残念ながら榴弾発射が可能になった代償として装甲貫徹力は低下してしまった——、一時的に解決された。この砲は距離1828m（2000ヤード）から6.3kg（14ポンド）被帽徹甲弾を使用した場合、厚さ50mm（1.97インチ）の装甲板を打ち抜くことしかできなかった。

　俯仰を人力で行う主砲は熟練された乗員が扱った場合、徹甲弾による対戦車戦闘に関しては有効であるとすでに述べた。しかし、バランスの問題から榴弾射撃には不向きで困難が伴った。バランスの取れた主砲が求められていたが、これらの条件は75mm多目

| 弾薬 | 初速/m/秒 (フィート/秒) | 貫徹解力（30度傾斜装甲）mm（インチ） | | | |
|---|---|---|---|---|---|
| | | 457m(500ヤード) | 915m(1000ヤード) | 1371m(1500ヤード) | 1828m(2000ヤード) |
| 徹甲弾 | 792(2600) | 58(2.28) | 52(2.05) | 46(1.81) | 40(1.57) |
| 高初速徹甲弾 | 853(2800) | 64(2.52) | 57(2.24) | 51(2.01) | 45(1.77) |
| 被帽徹甲弾 | 862(2830) | 75(2.95) | 67(2.64) | 55(2.17) | 52(2.05) |
| 仮帽付被帽徹甲弾 | 822(2700) | 81(3.19) | 74(2.91) | 63(2.48) | 56(2.20) |
| 装弾筒付徹甲弾 | 1188(3900) | 131(5.16) | 117(4.61) | 108(4.25) | 90(3.54) |
| 成形炸薬弾 | 327(1075) | 110(4.33) | 110(4.33) | -- | -- |
| 徹甲弾 | 618(2030) | 76(2.99) | 63(2.48) | 51(2.01) | 43(1.69) |
| 被帽徹甲弾 | 618(2030) | 66(2.60) | 60(2.36) | 55(2.17) | 50(1.97) |
| 被帽徹甲弾 | 792(2600) | 93(3.66) | 88(3.46) | 82(3.23) | 75(2.95) |
| 硬芯徹甲弾 | 1036(3400) | 157(6.18) | 135(5.31) | 116(4.57) | 98(3.86) |
| 仮帽付被帽徹甲弾 | 884(2900) | 140(5.51) | 130(5.12) | 120(4.72) | 111(4.37) |
| 装弾筒付徹甲弾 | 1203(3950) | 208(8.19) | 192(7.56) | 176(6.93) | 161(6.34) |
| 仮帽付被帽徹甲弾 | 792(2600) | 110(4.33) | 105(4.13) | 91(3.58) | 89(3.50) |
| 装弾筒付徹甲弾 | 1120(3675) | 178(7.01) | 150(5.91) | 131(5.16) | 122(4.80) |
| 仮帽付被帽徹甲弾 | 1019(3346) | 196(7.72) | 183(7.20) | 169(6.65) | 156(6.14) |
| 装弾筒付徹甲弾 | 1430(4692) | 295(11.61) | 277(10.91) | 260(10.24) | 243(9.57) |

■クロムウェル型の製産合計　1942〜45年

| 製造会社 | キャヴァリア | セントー | クロムウェル<br>（リベット接合） | クロムウェル<br>（溶接接合） | チャレンジャー |
|---|---|---|---|---|---|
| BRCW | -- | -- | 256 | 123 | 200 |
| イングリッシュ・エレクトリック | -- | 156 | 803 | 1 | -- |
| ハーランド＆ウルフ | -- | 125 | -- | -- | -- |
| ジョン・ファウラー | -- | 529 | 274 | -- | -- |
| レイランド・モーターズ | -- | 643 | 735 | -- | -- |
| LMSレールウェイ | -- | 45 | -- | -- | -- |
| メトロポリタン・キャメル | -- | -- | 300 | -- | -- |
| モーリス・モーターズ | -- | 138 | -- | -- | -- |
| ナフィールドM＆A | 203 | 150 | -- | -- | -- |
| ラストン・ビュサイラス | -- | 35 | -- | -- | -- |
| ラストン＆ホーンズビー | 300 | -- | -- | -- | -- |
| ヴォクスホール・モーターズ | -- | -- | -- | 2 | -- |
| 総計 | 503 | 1821 | 2368 | 126 | 200 |

　的砲では満たせないため、ギアを用いた不完全な俯仰システムを採用することになった。しかしこのギア方式も、単にそれぞれの欠点を抱えたままのシステムにすぎないと考える者もいた。いずれにせよこの砲は陸軍の求めるものではなかった。1942年3月、ヴィッカース・アームストロング社から新型高初速50口径75mm砲提供の申し出があった。一般的にこの砲は新型巡航戦車に搭載可能であると信じられていたのだが、実際には大き過ぎて不可能で、1943年5月になってようやくその事実が明らかになった。このため、差し迫った状況の下、多目的砲の搭載をクロムウェルにこだわるのであれば、6ポンド砲を改良して使用するか、砲の搭載をあきらめるしかなかった。

　この間、別な場所でも研究は行われていた。ここでも、砂漠での経験から、発煙弾しか撃てない砲尾装填式の爆弾発射器による――古い戦闘概念に基づいた――近接支援は、時代遅れであることが証明された。1942年、王立砲兵御用達の25ポンド砲と3.7インチ重高射砲の砲身ライナーを組み合わせた新型砲が、英国お得意の即席改修技術によって開発された。こうして生まれた砲は95mm榴弾砲として知られ、卓越した兵器であることを証明した。適切な榴弾を使用した場合、最大射程5486m（6000ヤード）を有し、理論上、成形炸薬弾（HEAT）を発射した場合はその射程内であれば厚さ110mm（4.33インチ）の装甲板を貫通することができた。

　1943年に改良された6ポンド、そして95mmの両砲がクロムウェル及びセントーに標準化された。しかし、この変更にもかかわらず、6ポンド砲MkVを搭載したクロムウェル、セントー両戦車が戦場に送られなかったことは興味深い事実である。1944年6月にAPDS（装弾筒付徹甲弾）が導入されたことで、MkV砲は優れた近距離砲であることが証明される。同砲は108mm（4.25インチ）の装甲を（これはティーガー戦車の装甲も上回る厚さである）1371m（1500ヤード）の距離から打ち抜くことができた。これ以上の距離でも伝説の17ポンド砲に次いで優秀な成績を示しただけに、いまとなっては残念なことである。

## MARKS AND TYPES
# マークとタイプ――クロムウェルの分類法

　ある戦車の型式とバリエーションを分類するために「マーク（Mark＝Mk）」――また

| コメット | A33 "エクセルシャー" | アヴェンジャー | 合計 |
|---|---|---|---|
| -- | -- | 80 | 659 |
| 276 | 2 | -- | 1238 |
| -- | -- | -- | 125 |
| 150 | -- | -- | 953 |
| 610 | -- | -- | 1988 |
| -- | -- | -- | 45 |
| 150 | -- | -- | 450 |
| -- | -- | -- | 138 |
| -- | -- | -- | 353 |
| -- | -- | -- | 35 |
| -- | -- | -- | 300 |
| -- | -- | -- | 2 |
| 1186 | 2 | 80 | 6286 |

はそれに代わる言葉——を用いる方法は各国で一般的に使用されている。一連の「マーク」は通常、主砲の威力に関する何らかの変更、または装甲や車体の発達を示している。そして英国では少なくともチーフテンの登場まで、こうした「マーク」方式は通常専門家たちが視認できるような違いを示していた。

したがって、クロムウェル、セントー、そしてキャヴァリアまでもが、外見で瞬時に区別できない改修点を、このマーク方式の枠内に納まりきらない特殊なシステムによって分類していたことは、ある意味異例であった。この複雑な「マーク」、そして「タイプ (Type)」が示すバリエーションについて、その詳細を本書では以下の表にまとめている。強調したいのはこれらの表記が無作為ではなく、体系的に選ばれていることである。マークとタイプの組み合わせすべては特定の製造業者と関連付けられ、バリエーションの内容は説明文により強調表示されていた。

ここで基本的実例として3つの「タイプ」を挙げてみたい。「タイプB」はシューベリーで行われたセントー戦車サンプルに対する実射試験の結果を反映したものである。このテストから多くの問題点が明らかになった。そのひとつが車体前面機関銃手席のやや上

■クロムウェル型のマーク&タイプ

◆キャヴァリア　製造：ナフィールド・メカナイゼーション&エアロ社、ラストン&ホーンズビー社

| マーク | タイプ | 主砲 | 備考 |
|---|---|---|---|
| I | A、B | 6ポンド砲MkIIIまたはV | リベット接合車体、ボルト接合砲塔、355mm(14in)履帯 |
| II | A | 6ポンド砲MkIIIまたはV | 試験車輌、394mm(15.5in)履帯、量産に至らず |

◆クロムウェル　製造：BRCW社、メトロポリタン・キャメル社、イングリッシュ・エレクトリック社、ヴォクスホール・モーターズ社

| マーク | タイプ | 主砲 | 備考 |
|---|---|---|---|
| I | A、C | 6ポンド砲MkIIIまたはV | リベット接合車体、ボルト接合砲塔、355mm(14in)履帯 |
| V | C | 75mm砲MkV | 同上 |
| VI | C、D、E、F | 95mm砲 MkI | 同上 |
| "パイロットD"(試験車輌D) | リベット接合タイプAと類似 | 6ポンド砲MkIII | 溶接接合ダブル・スキン試作車体、溶接接合砲塔、アップリケ装甲、大型キャニスター・スプリング、394mm(15.5in)履帯 |
| "クロムウェルII" | リベット接合タイプAと類似 | 6ポンド砲MkIII | 溶接接合シングル・スキン試作車体、鋳造/溶接接合複合砲塔、大型キャニスター・スプリング、394mm(15.5in)履帯 |
| VwD | Dw | 75mm砲MkV | 量産型溶接接合車体、ボルト接合砲塔、アップリケ装甲、大型キャニスター・スプリング、355mm(14in)履帯 |
| VwE | Ew | 75mm砲MkV | クロムウェルVwDと類似するが低速最終減速機を装備 |
| VIIE | Ew | 75mm砲MkV | クロムウェルVwEと類似するが超加重前車軸を装備、394mm(15.5in)履帯を装備 |

◆セントー及びセントー改造クロムウェル　セントーのみ製造：ハーランド&ウルフ社、LMS社、メカナイゼーション&エアロ社、モーリス・モーターズ社、ラストン・ビュサイラス社。セントー及びクロムウェルを製造：イングリッシュ・エレクトリック社、ファウラー社、レイランド・モーターズ社

| 車種 | マーク | タイプ | 主砲 | 備考 |
|---|---|---|---|---|
| セントー | I | A、B、C | 6ポンド砲MkIIIまたはV | リベット接合車体、ボルト接合砲塔、355mm(14in)履帯 |
| セントー | II | 不明 | 6ポンド砲MkIIIまたはV | 394mm(15.5in)履帯、量産に至らず |
| セントー | III | C、D | 75mm砲MkV | リベット接合車体、ボルト接合砲塔 355mm(14in)履帯 |
| セントー | IV | | 95mm砲MkI | 同上 |
| クロムウェル | X | A | 6ポンド砲MkIIIまたはV | 既存のセントーIIにミーティアエンジンを試験的搭載 |
| クロムウェル | III | A、C | 6ポンド砲MkIIIまたはV | セントーIにミーティアエンジンを搭載した量産型 |
| クロムウェル | IV | C、D、E | 75mm砲MkV | セントーIIIにミーティアエンジンを搭載した量産型。クロムウェル |

※次ページに続く。

| | | | | の履帯調度調整装置を装備、FS規格仕様車輌 |
|---|---|---|---|---|
| クロムウェル | VI | D、E | 95mm砲MkI | セントーIVにミーティアエンジンを搭載した量産型。クロムウェルの履帯調度調整装置を装備、FS規格仕様車輌 |
| クロムウェル | IV | F | 75mm MkV | セントーIIIにミーティアエンジンを搭載した量産型。クロムウェルの履帯調度調整装置、サスペンション調整装置を装備、FS規格仕様車輌 |

◆改造型クロムウェル　改造担当：王立兵器工廠　1945年以降(クロムウェル戦車製造元：BRCW社、イングリッシュ・エレクトリック社、フォウラー社、メトロポリタン・キャメル社)

| マーク | 車体のタイプ | 主砲 | 改造元 |
|---|---|---|---|
| 7 | C、D、E、F | 75mmMk5 | クロムウェル4、5、6、アップリケ装甲なし |
| 7w | Dw | 75mmMk5 | クロムウェル5w、アップリケ装甲あり |
| 8 | D、E、F | 95mmMk1 | クロムウェル6、アップリケ装甲なし |

＊注：リベット接合のクロムウェルMk4、5、6は改造時に大型キャニスター・スプリング、394mm(15.5in)履帯、低速終減速機、そして後期型フェンダーを装備した。Cタイプのいくつかは、Dタイプに変換された。リベット接合のC、D、そしてEには改良された操縦士用ハッチが取り付けられた。セントーの履帯調節装置はクロムウェルタイプに改修。

◆FV4101 チャリオティア戦車　改造担当：ロビンソン&カーショー社

| マーク | 車体のタイプ | 主砲 | 改造元 |
|---|---|---|---|
| 6 | D、E、F | 20ポンド砲Mk1 | クロムウェル6 |
| 7 | D、E、F | 20ポント砲Mk1 | クロムウェル7 |
| 7w | Dw、Ew | 20ポンド砲Mk1 | クロムウェル7w |
| 8 | DEF | 20ポンド砲 Mk1 | クロムウェル8 |

＊注：クロムウェルMk6はMk8規格に改修。タイプC車両はすべてタイプDに改修。すべてのリベット接合D、Eタイプにはクロムウェル7wの操縦手用ハッチを採用。

方にあるハッチだった。このハッチは砲塔が理想的な位置にあってさえも、身体をねじらなければ出入りできないほど厄介なものだったが、砲塔の位置によってはハッチを開くことがまったく不可能になった。これは緊急時の死活問題である。修正後のデザインでは、機関銃手出入口が車体上部構造天面から側面にかけて開口され、ハッチは天面の一部とともに横方向に開くドア型へと替わった。大規模な改善とはいえないかもしれないが、少なくとも最低限の用は足したことで、この改修を受けた戦車が「タイプB」車体仕様車に分類された。このハッチ開閉に必要なスペースを確保するため、外部装備である左フェンダー前部の収納箱が廃止された。

　同様の問題が反対側の操縦手用ハッチにも生じるのは当然だったが、同じ形式のハッチにすることはエンジン制御装置の配置から不可能であった。その後、操縦手ハッチが車体機関銃手ハッチと同型式になった「タイプF」車体が登場し、1944年の夏に部隊へ配備された。その間、旧タイプの車両は対角線上で二分割して開くことのできる、新型操縦手用ハッチに改装された。緊急時、乗員はヒンジのあるハッチ前方を真上に開き、板状で単なる蓋にすぎないハッチ後方部を跳ね飛ばして脱出を行った。

　もっとも、すべての「タイプ」が改良点を示しているわけではなかった。初期のリベット接合式車両のサスペンションはすでに加重制限の限界に達していたために、新たな実戦用装置の追加は重量超過を起こした。戦車局はこの超過分を相殺するために、エンジンコンパートメント装甲の50%にも及ぶ重量軽減をしぶしぶ認めた。そしてこの変更は「タイプC」に導入された。

## 溶接接合式クロムウェル
**Welded Cromwells**

　クロムウェルはさまざまな形に発展していった。そのなかでもっとも重要な改良は溶接接合構造である。この構造が初めて検討されたのは、まだリベット接合構造の試作車両が完成する以前の1941年12月だった。溶接構造にはいくつかの長所があった。製造時

Dデイの戦闘でゴールドビーチで放棄された、王立海兵第1機甲支援連隊所属のセントー。板金製のトランクで延長された車体後部の渡渉用排気ボックス、その後部に取りつけられた予備弾薬積載用「ポーポス」[ネズミイルカの意]橇(そり)に注目。

間の短縮、防御力の向上、そして渡渉に必要な防水性である。最初の溶接式クロムウェル、パイロットD[試作D型]と呼ばれた試作車はBRCW社によって製造された。同車の車体はタイプAのレイアウトを採用し、溶接接合式の砲塔、幅広の履帯、そして許容荷重を28.4メートルトン(28英トン)に上げる新しい大型キャニスター・スプリングサスペンションを有していた。

BRWC社にとってパイロットDの二重均質前面装甲板の溶接接合は大変な難事であったが、機械加工品質の装甲が入手できるようになると、さらに分厚い車体用の一枚装甲を使用して溶接式車体を2両製作した。新型車体はタイプBのレイアウトを採用していた。またA33重突撃戦車[量産されなかった試作車両。A27の車体に増加装甲を施し、幅広の履帯と新型サスペンションを採用した歩兵支援用戦車。75mm砲を搭載、エンジンはミーティア]をベースに改良された操縦手用ハッチと幅広の履帯、そして大型キャニスター・スプリングサスペンション等も有していた。これらの車体はその後ルートンにあるヴォクスホール・モーターズ社に送られた。同社は1942年にチャーチル戦車に替わってクロムウェルの製造を行うよう指示されていた。ヴォクスホール社はこれらの車体に鋳造側面板と溶接接合天板

■クロムウェル型のWD(陸軍省)登録ナンバーと製造会社

| WDナンバー | 戦車、マーク及びタイプ |
|---|---|
| T84618-84620 | キャヴァリアIA(試作) |
| ・ナフィールド&メカナイゼーション&エアロ社 | |
| T120415-120689 | |
| T188657-188681 | クロムウェルIC、VIC、VID、VIE、VIF |
| ・メトロポリタン・キャメル・キャリッジ&ワゴン社 | |
| T121150-121406 | クロムウェルIA、IC、VC |
| T121701-121822 | クロムウェルVwD、VwE、VIIwE |
| T121863 | |
| ・バーミンガム・レールウェイ・キャリッジ&ワゴン社(BRCW) | |
| T129620-130119 | キャヴァリアIA、IB |
| ・ナフィールド&メカナイゼーション&エアロ社及びラストン&ホーンズビー社 | |
| T130120-130164 | セントーIA |
| ・LMSレールウエイ社 | |
| T171762-171766 | セントーIA(試作) |
| | クロムウェルX(試作) |
| ・レイランド・モーターズ社及びイングリッシュ・エレクトリック社 | |
| T183800-186510 | セントーIA、IB、IC |
| | セントーIIIC、IIID |
| | セントーIVC、IVD |
| | セントーIII AA.I |
| | セントー・ドーザー |
| ・戦車はイングリッシュ・エレクトリック社、レイランド・モーターズ社、ハーランド&ウルフ社。CS(近接支援戦車)とAA(対空戦車)はファウラー社。ドーザーはMGカーズ社で改造 | |

| WDナンバー | 戦車、マーク及びタイプ |
|---|---|
| T187501-188082 | クロムウェルIVD、IVE、VIE |
| ・戦車はレイランド・モーターズ、ファウラー社。CSはファウラー社 | |
| T188151-188656 | |
| T188687-188926 | クロムウェルIVF |
| ・イングリッシュ・エレクトリック社、レイランド・モーターズ社、ファウラー社 | |
| T189400-190064 | クロムウェルIIIA、IIIC、IVC、VID |
| ・戦車はイングリッシュ・エレクトリック社、CSはファウラー社 | |
| T217801-217880 | セントーIIIC |
| T218001-218562 | セントーIII AA.I |
| | セントー・ドーザー |
| | セントー・トーラス |
| ・戦車はモーリス・モーターズ社、ナフィールドM&A社、ラストン・ビューサイラス社。ドーザーとトーラスはMGカーズで改造 | |
| T255310 | クロムウェルVwE |
| ・イングリッシュ・エレクトリック社 | |
| T271901-272100 | チャレンジャーI |
| ・バーミンガム・レールウェイ・キャリッジ&ワゴン社(BRCW) | |
| T334901-335308 | コメットIA、IB |
| T335331-336108 | |
| ・レイランド・モーターズ社、ファウラー社、イングリッシュ・エレクトリック社、メトロポリタン・キャメル・キャリッジ&ワゴン社 | |
| S348560-348639 | SP、17ポンド砲、アヴェンジャー |
| ・バーミンガム・レールウェイ・キャリッジ&ワゴン社(BRCW) | |

からなる複合構造砲塔［チャーチルMkVIIと同じ溶接・鋳造併用砲塔］を搭載し、クロムウェルIIを完成させた。しかし、大量生産には至らなかった。チャーチルがチュニジア戦において成功を納めたことで、ヴォクスホール社は同戦車の製造を継続することになったためである。これ以降、ヴォクスホール社がクロムウェルの製造に関わることはなかった。

その一方で、戦車局は溶接接合式クロムウェルを要求し続け、BRCW社に対して同戦車の製造を、チャレンジャー戦車の生産に支障を来たさない範囲内で、可能な限り行うよう指示した。要求はBRCW社が車体組み立てライン調整ジグを設計することで実現できた。これは両タイプの車体製造を交互に行えることを意味していた。

それでもまだクロムウェル戦車の最終形に関しては、決定が下されずにいた。1943年8月、パイロットDにアップリケ装甲が施され、前面防御を101mm（3.97インチ）まで向上した。これは溶接接合砲塔搭載の「ステージI」設計案の原型となった。これに続く、コモドアと呼ばれた「ステージII」設計案には同じ101mm（3.97インチ）厚の、今度は単板の装甲が提案されたが、いずれの設計案も製造には至らなかった。代わりにBRCW社はヴォクスホール社製車体を改良し、「タイプD」エンジンデッキ、「パイロットD」アップリケ装甲を採用し、しかし、まだボルト接合の砲塔を搭載した123両のクロムウェルVw及びクロムウェルVIIwを製造した［「w」はwelded、溶接の意］。

「グレートスワン」作戦［北フランス及びベルギー解放を主目的として行われた作戦。英軍を中心とする連合軍部隊は目覚ましい進撃を見せた］中のクロムウェル。ジープと放棄された88mmPaK43対戦車砲の脇を、ポーランド軍のクロムウェルが高速で移動している。戦車隊はお互いを覆い隠すような砂塵を巻き上げながら一直線に目的地を目指し、支援車両は平行に走る路上を砂塵を避けるように進む。

## GOING WEST
# 米国派遣団

新型巡航戦車開発の全期間、英国製戦車は批判の集中砲火を浴び続けていた。1942年7月には早くもAFV監督リチャードソンAWC少将が戦車局に対して、セントーとすっかり信用を失ったクルセーダー戦車との類似点、そして同時にチャーチル戦車搭載のメリット・ブラウン操向変速装置が同車にとって大失敗以外の何物なのかを追及していた。さらに少将は戦車設計主任技師（ロボサム）にも次のように念を押した。「この調子でもうひと嵐きたら、もはや政府、陸軍省、そして軍需省に乗り切る術はありませんな……」。

1943年2月下旬、戦車局はヴィッカース・アームストロング社の戦車製造能力をクロムウェル戦車の量産に振り分ける決断をした。それにはもし6ヶ月内にこの戦車が信頼性のないものと判断されれば同戦車の製造を削減し、米国に戦車供給の増加を申し出る、というただし書きが付いていた。しかし1943年9月の下

「ただいま開店」。1945年に撮影されたクロムウェルMkIVタイプE指揮車。第7戦車師団第22機甲旅団本部所属の車両。砲塔の兵装はいずれもダミーであり、その証拠に一部が折れ曲がっている。ほかにも興味深いディテールがぎっしりと詰まった一葉である。

マズルブレーキまで磨きこまれ、一点の曇りもない姿を見せる第6戦車師団所属のクロムウェル観測戦車。戦後に砲兵作業場前で撮影された写真。車体後面に特徴的なノルマンディーカウル〔エンジン始動時の黒煙を抑えて、車両の存在の秘匿を助ける効果があった〕を装着していることに注意。

旬に至っても、ある高官から次のような意見が寄せられていた。「クロムウェル戦車のもっとも憂慮すべき点は、75mm中初速砲以上の火砲の搭載を不可能にするその特異な設計にある」。

アメリカ人が供給量拡大を歓迎しない理由はなかった。1943年3月、サマヴェル将軍は保有車両の均一化と信頼性の観点から──彼個人はクロムウェル戦車がいくつかの点でシャーマン戦車より優れていると認めていたが──英国に対し戦車製造を完全に停止させて、米国製戦車を受け入れるよう強く勧めた。戦争の進行につれて英国内での戦車生産を整理削減して米国製戦車の導入を拡大しようとする、全体的な傾向は確かにあった。そうだとしても、この提案を英国が受諾することは断じてできなかった。

本書の表はセントー後期製造型の多くが、クロムウェルとして完成していたことを示している。だが、こうした事実もナフィールド卿に何ら影響を及ぼすことはなかったようだった。戦車局はやむを得ず、キャヴァリアに引き続き、ナフィールド卿にセントーを製造させていた。これらのセントーがクロムウェルとして再生される可能性を鑑みての措置であった。しかし、ナフィールド卿は未だロールス・ロイス社のエンジンを受け容れるつもりなどなかった。それどころか彼は「デモクラート」（民主主義者）と呼ばれるエンジンを提案してきた。これにはそれまでの「リバティー」（自由）を怪しげな名前に置き換えたような響きがあった。1944年初めに2基の「デモクラート」エンジンはセントー戦車に搭載され、試験が行われたが、ミーティアエンジンと比べて何の向上も見られなかった。

1943年の春、6両のセントーと1両のクロムウェルが米国に発送された。クロムウェルのみが完成車両、セントーはエンジンを搭載せずに船積みされた。これはウィリアム・ルーツ卿を代表とする戦車エンジン特命使節の積荷だった。フォード・モーターズ社は新型V-8エンジンを開発しており、熱心に英国の関心を得ようとした。搭載テストは4両のセントーで実施され、残りの2両は転換予定のV12リバティーエンジンのために取り置かれた。英国戦車はアメリカ人に何の好印象も与えなかった。それどころかクロムウェルと使節団はアメリカ人の期待をあまりに大きく裏切った。リチャードソン将軍に至っては彼の酷評を連ねたレポートのなかで、英国人のことを「世界最悪のセールスマン」とあげつらうほどだった。アメリカ人はセントーに最新式の砲スタビライザーを搭載してみせたが、英国人は採用しなかった。それはフォード社製エンジンに関しても同様であった。ミーティアエンジンと比較すると動力不足であり、フォードエンジンをセントー、さらにはクロムウェルへ搭載したとしても、リバティーとミーティアエンジンに代替できるものではないと評価を下したのだ。しかし、レイランド社はこうした経緯にもかかわらず、1943年7月に戦車局が本案件を廃案にするまで、フォードエンジンの導入を唱え続けた。

## TRIALS AND TRIBULATIONS

# 試練と苦難

1943年4月、第9機甲師団のカヴェナンターがセントーとクロムウェル戦車の量産第一

弾に更新され始めた。しかし一部の部隊は最初のクロムウェルを受領するのに9月まで待たなければならなかった。いずれのタイプの戦車もまだ開発段階にあったため、この時期に部隊に到着した車両の完成度は、まだ試作車両の段階であった。乗員たちはセントーの信頼性がカヴェナンターと同程度にすぎないことを早々に発見した。クラッチは脆弱、リバティーエンジンはラジエーターにオイルを撒き散らし、これがオーバーヒートを起こす原因になった。クロムウェルのミーティアエンジンはまだましであったが、どちらもギヤボックスとステアリングの不良に悩まされた。

さらに悪いことに、工場から送り出される比率はセントー 5に対してクロムウェル 1であった。この件について師団司令ダーシー少将は危機感を募らせた。7月27日、少将は、セントーが十分な数のミーティアエンジンの生産によってクロムウェルに置換されるまでの暫定的な戦車であると理解している一方、製造側がこの方針を認識しているとは思えないと訴えた。少将はクロムウェルなら一流の戦車に発展するだろうが、セントーは二流品に留まると見なしていた。指揮下のセントー 129両からは23件のクラッチ故障を含む95件の欠陥が報告され、一方、クロムウェル 26両の不具合は全部で3件に過ぎないと彼は記している。セントーは遙かに煩雑な整備を必要とし、そのリバティーエンジンは出力不足であるために常に全力運転が必要であった。彼は「一級の兵器を製造する技術がありながら、それらを軍事的ではない理由から製造せず、平凡に過ぎない兵器を兵に負わせるようとするいかなる企ても罪である」と自身の主張をまとめ、そして方針を明確にし徹底することを求めた。陸軍省はダーシーの主張を認め、両戦車に対して実戦に送り込む以外ではもっとも過酷なテストを行うことで答えた。

## 「ドラキュラ」演習
### Operation Dracula

このいかにも品のない演習名はおそらく、立案者の王立機甲軍団長（DRAC、旧DAFV）、リチャードソン少将の肩書きDRACを「Dracula」と見立てたものであると思われる。リチャードソン少将自身は「ドラキュラ」演習が開始された1943年8月にワシントンで在外勤務に就いていたので、演習そのものは試験将校のクリフォード少佐の担当であった。「ドラキュラ」演習はクロムウェル、セントー、シャーマンⅢ（M4A2）及びシャーマンⅤ（M4A4）の信頼性を試すため、長距離移動しながら各地の戦時編制部隊を訪問、3700km（2300マイル）にも及ぶ走行比較試験を行うものであった。これはつまり新型戦車の完熟訓練でもあり、戦車乗員制服の新型装備の有効性を確かめるためでもあった。「ドラキュラ」演習はクロムウェルとセントーにとって致命傷になりかねない結果をまねいた。両者ともアメリカ製の相手と比較した場合、性能に難があった。セントーは特に悲惨で、クリフォード少佐はこの戦車の実戦投入を望まないと宣言するほどであった。クロムウェルは問題なく走行している限り、最大速度で良い結果を出したが、純粋に信頼性と耐久力を比較すると、M4A4のディーゼルエンジンには及ばなかった。

それでも「死刑執行」の延期に成功した設計技師たちは、一刻一秒も無駄にできない状況で、機械的欠陥を取り除くため懸命な努力を払った。1943年11月、最新のセン

右頁●砲塔が大型化されたことを示すこの試作セントー Ⅲ対空戦車MkⅡの写真。砲手の照準器は装着されていないが、フェンダー上にある補助エンジン排気管、砲塔上面に設置されたアンテナ基部を確認することができる。

装着されたジブクレーンを持ち上げたクロムウェル装甲回収車Ⅰ（ARV Ⅰ）。回収車は所定の位置につくまで後進し、ジブをワイヤーで所定の位置まで上げ、車上の乗員がステーを固定する。ジブの先端にはチェーンホイストが取り付けられ、車体前面には万力が装着されている。また、BESA機関銃はそのまま装備されている。

トーとクロムウェルそれぞれ10両ずつが、オールダーショット市ロングヴァレーの摩損抵抗の高い泥中で、両戦車の耐久性を確認するための4827km（3000マイル）にも及ぶ過酷な走行テストを実施された。ここでクロムウェルは合格したがセントーはまたもや不合格となった。

戦車局にはこれで十分だった。戦場での使用に適した戦車はクロムウェルであり、同省はミーティアエンジン生産の限界に見合う数のクロムウェルを、短期間で増産するように命じた。セントーに関しては生産数を2700両から2000両に縮小するように指示した。

1944年5月、英国最新の怪物戦車の開発が極秘リストから外された事実が報道された。下院議会では、まだ実戦に投入されてもいないこの戦車を巡って、英国戦車設計の現状を追及する質疑応答が展開された。しかし、セントーに触れられることはなかった。

## バトル・クロムウェル──実戦最終仕様
### Battle Cromwell

1944年2月、レイランド・モーターズ社は彼らのいう「バトル・クロムウェル」の規格を発表した。公式記号は「最終仕様」を表すFS（＝ Final Specification）だった。

実際のところ、これは前線運用に有効な各部機構を列記した短いカタログ（ミーティアエンジン各型と使用する変速機のバリエーション、さらに防水性と構造強化──リベット接合式戦車にも適応──をもたらす溶接接合技術までもが記されていた）であった。そして、最終仕様はMkIV以前に製造されたクロムウェルを、事実上スクラップ置き場へと追いやることになった。一方、これが標準化されることは、ベテラン戦車兵たちの信頼に足りる戦車の供給が可能になることを意味した。

同じころ採用されたその他の装備に、全周にペリスコープを配した車長用キューポラとベーンサイト照準補助具、そして後部発煙弾発射器があった。改良された誘導輪と、穴あきゴム縁転輪に替わって採用された穴無しゴム転輪も、容易に確認できる変更点であった。フェンダーと雑具箱がさらに頑丈なものになり、クロムウェル・パターンの履帯アジャスターが標準となった。渡渉性能も向上した。しかし、すべてのクロムウェルが

トレイルブレーカーの名でも呼ばれたセントー・ドーザーの各種装備類を解説する写真。写真は試作車両のもので、量産型では円盤で塞がれている向かって右側の機関銃のポジションが、ヒンジ付きのハッチに交換されているなど、この車両に限られた特徴がいくつか確認できる。このハッチは、車長が車体前部上面のカニングタワーを使用しない場合でも前方を視認できるように、設置されたものである。

こうした改善の恩恵に浴したわけではなかったことを、後の報告書は示している。ヨーロッパ北西部［フランス、ベルギー、オランダ戦域］で運用されたクロムウェルの多くはさまざまな点で「最終仕様」を満たしていなかった。

レイランド社とファウラー社がクロムウェル製造グループに参加したが、それでもまだ時間との戦いは続いた。Dデイ［ノルマンディ上陸作戦の日］までに400両のクロムウェルが必要であったが、4月の時点で152両しか配備されていなかった。いくつかの部隊は作戦決行の前日にようやく定数に達した。

アービントンのMGカーズ社で9両が改装された17ポンド砲牽引車セントー・トーラスの一両。戦車装備としてはほとんどみることができない、クロムウェル用サンドガードが装備されている。

### 王立海兵隊
Royal Marines

英国王立海兵隊コマンド部隊は、Dデイ上陸作戦で独自の支援砲撃を行うべく、95mm砲搭載のセントー近接支援車両80両を確保し、海軍の砲術に基づいた射撃システムを開発することになった。その結果、これらの戦車からエンジンを撤去して、ブルワーク越しの射撃が可能な高さにまで持ち上げた位置で戦車揚陸艇に搭載。遠距離から海兵隊に要求された目標に砲撃を加え、最終的に浅瀬へと向かって海岸線から攻撃を継続させることが計画された。大量の弾薬を消費することが見積もられ、そのために必要な追加の弾薬は空になったエンジンルームへ収納することにした。

しかし、ドーセットでの演習の後、すべてが変わった。モントゴメリー将軍は各戦車が上陸して浜辺を自力走行する方が賢明であると提案した。このため再びエンジンを搭載することになり、王立機甲軍団の操縦手が海兵隊に派遣された。王立海兵隊機甲支援グループとして編成されたこの部隊は2つの機甲連隊から構成されており、それらはさらに砲兵中隊、そして独立機甲砲兵中隊に細分されていた。技術的、物質的な支援を期待できなかったこの勇敢な一団は、しかしその役目をよく果たした。上陸から2週後、16km（10マイル）も内陸に進攻した地点で、独特のマーキングを施したセントーを見ることもあった。

解隊後、生き残ったセントーはさまざまな部隊に割り当てられた。そのうちあるものは第6空挺部隊を支援したカナダ軍の特殊な砲兵部隊に配備され、後にフランス軍に引き渡されている。

CROMWELL IN ACTION
# 戦場のクロムウェル

戦場におけるクロムウェルの有効性に関する報告書の多くは、希望的観測、個人の忠誠心、そして単純な誤解を織り交ぜたものだった。『王立機甲軍団ジャーナル』のある解説者は、1944年6月14日にヴィレル・ボカージュにおいて次々に撃破されたクロムウェル部隊について報告している。記者はそのなかでクロムウェルを「新型英国巡航戦車」と説明したうえで、同戦車はパンターやティーガーと「同クラスの装甲を有していなかっ

試験用鋤（すき）を装備したセントー MkIII タイプ C。米カーリン軍曹のシャーマン用ヘッジローカッターの英国版を試験するのに用いられた。試験は1944年9月に実施されれたが、生産開始は同年11月になったため、この装備に出番は訪れなかった。

た」と述べている。また、彼は、第4「カウンティ・オブ・ロンドン・ヨーマンリー（義勇農騎兵）」の戦車がたどった運命について、「議会内で行われた数多くの演説よりも、英国戦車のデザインに関する大きな障害になりかねない不幸な出来事である」と記している。確かにクロムウェルは当時、戦列に最後に加わった車両ではあるが、新型とは呼び辛い。それでも、溶接式クロムウェルの前面装甲厚はティーガー戦車のそれとまったく同じで、問題は搭載した主砲の違いにあった。しかし、実際のところ、当時のヴィレル・ボカージュでの出来事とまったく同じ条件を与えられたならば、一両の戦車すらも生き残ることは不可能であろう。たとえ第4「カウンティ・オブ・ロンドン・ヨーマンリー」がティーガー戦車で編成されていたとしても、同じ結果をたどったに違いない。

［ヴィレル・ボカージュの戦いで英軍機甲部隊の車両を次々と撃破したのは、SS第101重戦車大隊第2中隊長ミヒャエル・ヴィットマンが指揮するティーガー戦車であった。この戦車戦史上特筆される戦闘の詳細については、小社刊『ヴィットマン LSSAHのティーガー戦車長たち（下）』、パトリック・アグテ［著］、岡崎淳子［訳］を参照されたい］

クロムウェルの作戦行動に関してもっとも信頼のおける情報源は、第21軍団の技術報告書である。クロムウェル戦車がその速力を発揮する機会は、英軍がフランスからベルギーまで驚くべき快進撃を見せた「グレートスワン」作戦まで、ほとんどなかった。クロムウェルは同作戦においてその信頼性を賞賛された。唯一、過大な負担をかけると転輪のゴムがぼろぼろになるというのが大きな問題であった。予備転輪不足からいくつかの部隊は、クルセーダー対空戦車の転輪を「共喰い」することで当座を凌いだ。このため、穴あきゴム転輪と穴無しゴム転輪を併用するクロムウェルが見られるようになった。

1944年秋、戦況はそれまでの機動戦から、再び動きの少ない陣地戦の様相を呈してきた。同時に泥や落ち葉の堆積により戦車の吸気口が塞がれ、エンジンがオーバーヒートする事故が多発した。故障は乗員が車体に積み上げた荷物によってさらに悪化し、禁止令が出るまで改善されなかった。

地雷もまた脅威であり、クロムウェルはこれに対して特に脆弱であった。爆発で車体がねじれ、アラインメントの狂った戦車は、廃棄処分するしかなかった。また、地雷の爆風はフェンダーを折り曲げてしまい、ハッチに干渉すると開閉ができなくなった。そしてこれは乗員の脱出を不可能にした。チェコ旅団は金属板を車体に仮付け溶接し、フェンダーの代用とすることで問題を解決した。金属板は爆風で吹き飛ばされてしまうので、ハッチの開閉スペースに干渉することはなかった。増加装甲として予備の履帯を直接車体に取りつけることは珍しくなかったが、専門家はその効果について懐疑的であり実践には難色を示していた。しかしながら、増加装甲を施した1両のクロムウェルIVが独軍の75mm砲（PaK40）で5発にも及ぶ命中弾を距離274m（300ヤード）で受けながらも生き残り、同行していた増加装甲のな

ドイツ軍のツィンメリット対磁気コーティングの英国版を塗布されたクロムウェルMkIVタイプE。このみすぼらしいクロムウェルに関して、それ以外に特記することはない。このコーティングは被弾するたびに、かなりの塊が剥がれ落ちてしまったそうである。

いクロムウェルは撃破された、という証言が残っている。

## WARTIME VARIANTS AND SPECIALIST VEHICLES
# 大戦中の派性型及び特殊車両

**指揮及び統制戦車**
Command and Control Tanks

　年2回発行される王立機甲師団リポートの1944年上半期版に、指揮戦車、統制戦車、後方連絡戦車、砲兵観測戦車などのクロムウェル派生型がリストアップされている。これらの車両について簡潔な文章で解説するには複雑すぎて難題ではあるが、1943年に発行されたチャートによるとそれぞれのクロムウェル派生車両には以下のような装備が施されていた。

　**クロムウェル指揮戦車（Command Tank）**
　No19低出力及び高出力無線機各1基を装備。主砲は撤去。
　師団及び旅団レベルの本部に配属。

■第21軍集団及び連合軍部隊によるクロムウェル型車両の運用　1944〜45年
＊所属部隊の表記は「編制単位/連隊」の順
■王立海兵隊機甲支援グループ（RMASG）/王立海兵隊第1及び第2機甲支援連隊（セントーIV）、王立海兵隊第5（独立）機甲支援砲兵中隊（セントーIV）
備考：ノルマンディに展開、Dデイの2週間後に解隊。
■自由フランス軍第51「ハイランド」師団（一時的に配備）/第13竜騎兵連隊（セントーIV）、第27軽対空砲連隊第6軽対空砲兵中隊（セントーIV）
備考：第13竜騎兵連隊は実戦に参加せず、セントーは旧RMASGの装備。第6軽対空砲中隊は旧RMASGのセントーを1944年7月30日まで装備。
■第6空挺師団（一時的に配備）/(a)陸軍第53軽砲連隊「X」機甲砲兵中隊（セントーIV）、(b)カナダ陸軍第1セントー砲兵中隊（セントーIV）
備考：旧RMASGの装備。カナダ軍のセントー受領は1944年8月6日。
■第6空挺師団/第6空挺偵察連隊（クロムウェル）
備考：師団配属の偵察連隊。
■第7機甲師団/第8「キングズ・ロイヤル・アイリッシュ」軽騎兵連隊
備考：クロムウェルとチャレンジャーを配備。機甲偵察連隊。
■第7機甲師団（第22機甲旅団）/第1王立戦車連隊、第5王立戦車連隊、第4「カウンティー・オブ・ロンドン・ヨーマンリー（義勇農騎兵）」連隊、第5王立「イニスキレン」近衛竜騎兵連隊
備考：クロムウェル、チャレンジャー、コメットを配備。第4「カウンティー・オブ・ロンドン・ヨーマンリー」は1944年8月に第5王立「イニスキレン」近衛竜騎兵連隊に交代。第5王立戦車連隊は1944年8月にチャレンジャーを受領。第1王立戦車連隊は1945年9月にベルリンでコメットを受領。
■第11機甲師団/第2「ノーサンプトンシャー」連隊、第15/19軽騎兵連隊
備考：クロムウェルとチャレンジャーを配備。機甲偵察連隊第2「ノーサンプトンシャー」は1944年8月に第15/19軽騎兵連隊と交代。
■第11機甲師団（第29及び第159旅団群）/第15/19軽騎兵連隊、第123軽騎兵連隊、第2「ファイフ＆フォーファー・ヨーマンリー」連隊、第3王立戦車連隊
備考：クロムウェル、チャレンジャー、コメットを配備。1945年3月から5月まで展開。なお、チャレンジャー配備部隊は第15/19軽騎兵連隊のみ。
■近衛機甲師団/ウェールズ近衛連隊第2大隊
備考：クロムウェル、チャレンジャーを配備。機甲偵察部隊。
■第1（ポーランド人）機甲師団/第10（ポーランド人）ライフル連隊
備考：クロムウェル、チャレンジャーを配備。機甲偵察連隊。
■第1（チェコスロヴァキア人）独立機甲旅団グループ/第1、第2及び第3（チェコスロヴァキア人）機甲連隊
備考：クロムウェル、チャレンジャーを配備。カナダ第1軍、1944年9月から1945年5月のドイツ軍守備隊降伏までダンケルクを包囲。
■第79機甲師団（王立工兵第1装甲旅団）/王立工兵第87装甲ドーザー中隊
セントー・ドーザーを配備。1944年4月から5月までドイツに展開。

# カラー・イラスト

解説は44頁から

図版A1：セントーMkI 第9機甲師団第28機甲旅団
第1「ファイフ＆フォーファー・ヨーマンリー
(義勇農騎兵)」連隊 英国 1943年4月

図版A2：セントーIII対空戦車MkI 英国 1944年

A

図版B：セントー MkIV 王立海兵機甲支援グループ第1連隊第2砲兵中隊
ノルマンディ 1944年6月

図版C1：クロムウェルMkVw戦車　第7機甲師団第22機甲旅団王立第5戦車連隊
ノルマンディ　1944年

図版C2：クロムウェルMkVI　第1ポーランド機甲師団第10ライフル連隊A中隊
ノルマンディ　1944年

図版D
# クロムウェル戦車

### 各部名称

1. パーキングブレーキ
2. アイドリング速度調整ねじ
3. 右操向レバー
4. ハンドスロットルレバー
5. チョーク調整レバー
6. 左操向レバー
7. 操縦席
8. 操縦手用ペリスコープ
9. 油圧作動油補助タンク
10. 緩衝装置潤滑油タンク
11. BESA7.92mm車体機関銃
12. 速射用75mm榴弾
13. 照準用望遠鏡
14. 75mm主砲砲尾
15. ペリスコープ用予備プリズム
16. No19無線機
17. BESA機関銃弾薬箱収納部
18. 4英ガロン水タンク×4
19. 予備部品及び工具収納箱
20. 投光器
21. 箱形吸気カバー
22. 緩衝装置ユニット
23. 車体機銃手用ドアハッチ
24. スターターモーター
25. 機関銃手席
26. 弾薬収納庫（カットアウェイ）
27. 砲塔底部接合部
28. 車長席
29. 照準用望遠鏡（予備）
30. 炭酸ガスボンベ
31. BESA機関銃弾薬箱
32. 空薬莢収納袋
33. 変速レバー
34. クラッチペダル
35. ブレーキペダル
36. アクセル

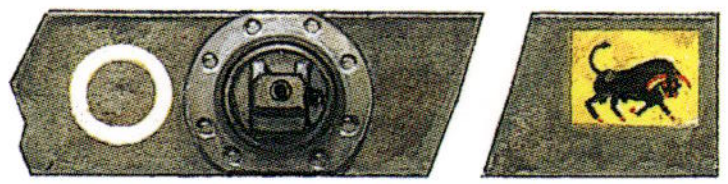

図版E1：クロムウェル装甲回収車MkI　第11機甲師団
第2「ノーサンプトンシャー・ヨーマンリー（義勇農騎兵）」連隊C中隊

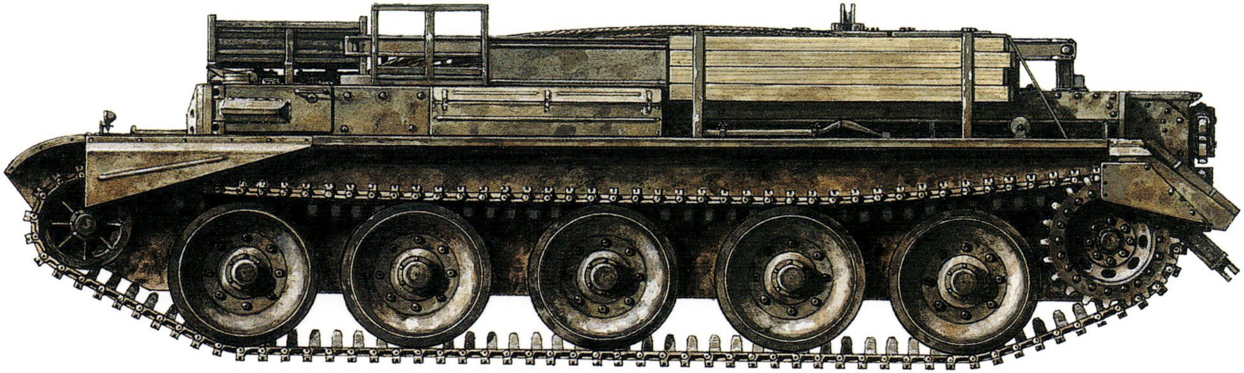



図版E2：クロムウェルMkIV　第7機甲師団「キングズ・オウン」軽騎兵連隊
「ブラックコック」作戦　1945年1月

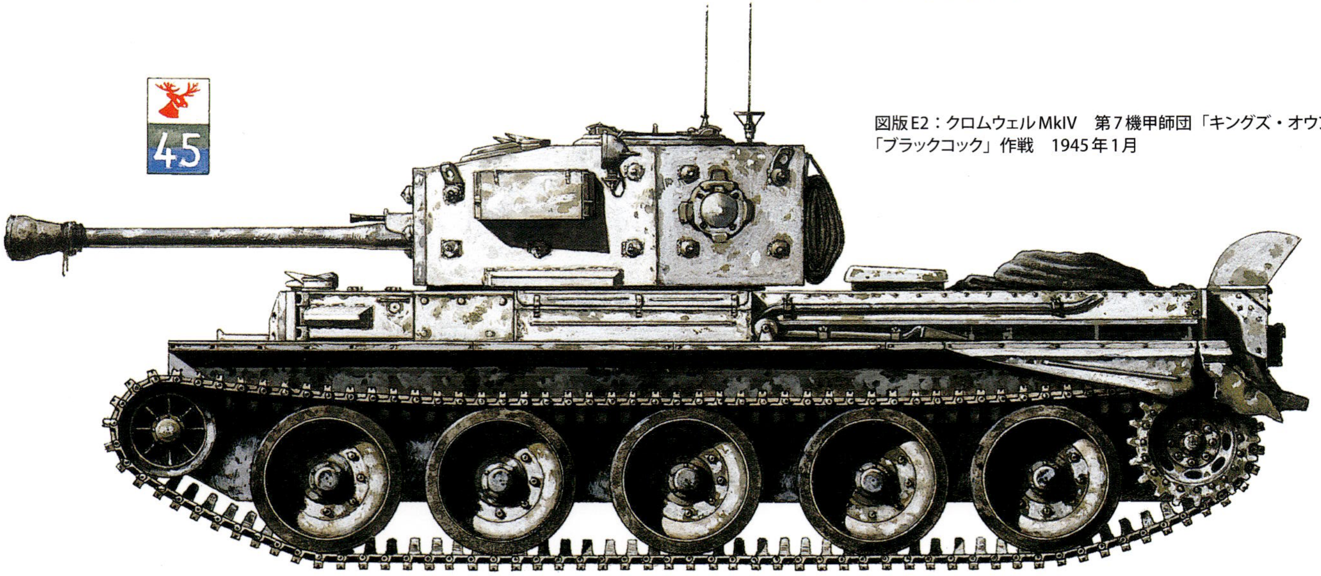

図版F：A34コメット　第11機甲師団　第2「ファイフ＆フォーファー・ヨーマンリー」連隊本部
ドイツ　1945年

図版G1：A30チャレンジャー　第1チェコスロヴァキア独立旅団グループ
ダンケルク　1944年

図版G2：FV4101チャリオティア　王立ヨルダン機甲軍団第3戦車連隊
1960年

32

G

### クロムウェル統制戦車（Control Tank）
No19低出力無線機2基を装備。主砲及び搭載弾薬は維持。
連隊レベルの本部に配属。

### クロムウェル後方中継戦車（Rear Link Tank）
No19高出力無線機1基を装備。主砲及び搭載弾薬は維持。
機甲偵察連隊本部に配属。

### クロムウェル砲兵観測戦車（Observation Post (OP) Tank）
No19無線機2基、No38携帯無線機2基を装備。主砲及び搭載弾薬は維持。
機甲師団所属の砲兵連隊、及び機甲旅団本部に配属。

このほかの派生車両として、後に現地改造された空陸作戦連絡戦車（Contact Tank）がある。これらの戦車は指揮戦車用No19無線機1組、No19航空支援信号ユニット（ASSU）1組、VHF無線機1組を装備し、英空軍（RAF）の連絡将校によって戦闘爆撃機誘導に使用された。同戦車はダミー砲を取りつけ、ドイツ軍から捕獲した伸縮式アンテナを装備していた。

## ■キャヴァリア、セントー、クロムウェル、コメットの車体タイプ

**キャヴァリア、セントー、リベット接合式クロムウェル**

■タイプA（キャヴァリア、クロムウェルI、III、X）：操縦室上部の上開き脱出ハッチ×2。車体下部脱出ハッチ×1。収納箱（フェンダー上）×4。6mm（0.24インチ）厚床面装甲。乗員室下部には8mm（0.31インチ）スペースド・アーマーを追加。BESA車体機関銃用マウントはNo20ジンバルマウント、車体機関銃手用のNo35望遠照準器と車体機関銃手用ペリスコープを装備。長距離行軍用燃料タンクはオプション装備。クロムウェルの標準装備であるエンジンデッキの箱形吸気カバー付エアインテイクは、セントーにもオプション装備。

■タイプB（キャヴァリア、セントーI）：機関銃手用脱出ハッチを横開き式に変更、車体下部脱出ハッチは廃止。収納箱（フェンダー上）×3。BESA車体機関銃用マウントはNo20ジンバルまたはNo21ボールマウントの両方あり。車体機関銃手用ペリスコープを廃止。長距離行軍用燃料タンクはオプション装備。

■タイプC（セントーI、III、IV、クロムウェルI、III、IV、V、VI）：タイプB車体に類似するが軽量化のため機関室装甲厚を薄くして点検ハッチを開きやすくなる。長距離行軍用燃料タンク装備は廃止。エンジンデッキの新型エアインテイクを全クロムウェル及び一部のセントーに導入。BESA車体機関銃用マウントはNo20ジンバルまたはNo21ボールマウントの両方あり。後期生産型には車体機関銃手用ペリスコープが復活。改良型収納箱（フェンダー上）が後期生産クロムウェルIVCsに導入。

■タイプD（セントーIII、IV、クロムウェルIV、VI）：タイプCと類似しているが、ラジエーターへのアクセスを改善するためにエンジンデッキを再設計。BESA車体機関銃用マウントはNo21ボールマウント。車体機関銃手用ペリスコープ、改良型収納箱（フェンダー上）を標準装備。

■タイプE（クロムウェルIV、VI）：タイプDと類似しているが、二層式車体底面装甲を14mm（0.55インチ）厚の単板装甲に変更。

■タイプF（クロムウェルIV、VI）：タイプEと類似しているが、操縦手用脱出ハッチを車体機銃手用と同じ横開き式に変更。収納箱（フェンダー上）×2、収納箱（砲塔側面）×2。牽引用ロープ（前面装甲上）×2。後期型は火砲及びトレーラー牽引にスプリング付牽引棒を装備。すべてのFタイプでクロムウェルのサスペンションが標準装備になる。

**溶接式クロムウェル**

■タイプDw：溶接接合式、リベット接合式タイプDと類似。ペリスコープ装備A33形式の操縦手用ハッチ。車体底面は10mm（0.55インチ）厚の単板装甲。アップリケ増加装甲。大型キャニスター・サスペンション及び355mm（14インチ）幅の履帯を装備。

■タイプEw：(a)タイプDwと完全同型の溶接式車体に低速終減速機を搭載。355mm（14インチ）幅履帯を装備。394mm（15.5インチ）幅の履帯を装備。
(b)タイプDwと完全同型の溶接式車体に低速終減速機を搭載。前方車軸を強化し、394mm（15.5インチ）幅の履帯を装備。

**コメット**

■コメット1タイプA：クロムウェルと類似した排気システムを採用したオリジナルA34溶接式車体。ノルマンディーカウルを標準装備。

■コメット1タイプB：リベット接合式改装A24車体。フィッシュテール型排気カバーを採用、ノルマンディーカウルを廃止。前面装甲の接合部を鋼鉄製のアングル材で補強。

＊注：コメット1タイプB車輌の初期型はフィッシュテール型排気カバーが入手可能になるまで、ノルマンディーカウルを使用。

## 装甲回収車
Armoured Recovery Vehicle

　クロムウェル装甲回収車とキャヴァリア装甲回収車には異なるエンジンと変速装置が搭載されていた。また、車体後部のレイアウトも異なっていた。しかし、両者を外見から見分けることは——戦車回収用装備を満載した場合は特に——困難である。記録によると58両のクロムウェル装甲回収車が1944年末までに配備されていた。これらは新造された車両ではなく、既存のクロムウェル戦車、主にタイプC車体を使用したMkIVから改造されたものだった。

## 対空戦車
Anti-Aircraft Tanks

　戦車に対空砲を搭載するというアイディアは特に目新しいものではなかったが、1940年のフランス戦での経験が開発を促すことになった。そして、フランスにおける軽戦車の戦訓を踏まえて、この役目は巡航戦車、つまりクルセーダーに廻ってきた［本シリーズVol.16『クルセーダー巡航戦車 1939－1945』を参照］。その後、セントー戦車にこの計画が受け継がれたことは自然な成り行きであり、1943年10月にプロトタイプが審査を受けた。同車両はクルセーダー対空戦車MkIIIによく似ていたが、クルセーダーの20mmエリコンに対してポルステン機関砲を装備していた。砲塔内は非常に狭く、また戦闘中の操作がきわめて激しくなるために、無線機とそのオペレーター席は車体内に移された。クルセーダー対空戦車の砲塔はエンジンから動力を得ていたが、セントーの場合は補助エンジンを車体前方内部に搭載し、専用の排気管がその横のフェンダーに取りつけられた。

　信頼性に欠けるクルセーダー対空戦車がヨーロッパ戦域の英軍機甲師団で、なぜセントー対空戦車に更新されなかったのか、その理由はいまだに不明である。したがって、セントーMkI対空戦車の発注分は1944年10月までに生産台数を450両から100両に縮小され、その後継車両がMkIIであったという事実のみが、上記の疑問に対する解答だと思われる。セントー対空戦車MkIIは周囲の防弾板を拡張した砲塔を搭載し、これが砲手1名の増員を可能にした。攻撃目標を追随するのは、砲手の隣に座る車長の役目だった。

　セントー対空戦車を「ダイバー」作戦に運用したことをほのめかす手がかりがいくつか残っている。同作戦は大量の対空砲を配置した防空ベルトからの集中砲火によって、ドイツのV-I飛行爆弾を落下前に撃墜するという計画であった。しかし、これが事実だったとしても、誰の指揮下でどこに配備されたのか、何も判明してはいない。また、セントーMkIII対空戦車の試作仕様と、その新型砲塔について記した一通の報告書も現存しているが、こうした改良計画のすべては対空戦車の開発が中止された際に忘れ去られてしまった。

## セントー・ドーザー戦車
Centaur Dozer

　対空戦車の計画が中止になってすぐ、装甲ブルドーザーの開発に対する関心がにわかに復活した。それまでにもクルセーダー戦車をドーザー化する試験が行われていたが、結論は保留されていた。一方、セントーはその重量から、はるかに有望であることが明らかだった。セントー・ドーザー戦車は余剰となった対空戦車の車体を利用して製作された。砲塔を撤去して車体最大幅のブレードを装備し、その上げ下げは戦闘室内のパワーウインチにより、車体前部に設置された小型ジブクレーンを通したケーブルによって行われた。操縦手は通常の定位置に座り、車長はその左で指揮を執った。また、車長の指揮用に装

クロムウェル、車両登録ナンバー T187820 はカナダ製非破壊ローラー式地雷発見装置（CIRD）のテストのために特殊装甲車両開発機関（SADE）に供給された MkIV タイプ E。この装置は車体の重心をかなり前方に移動させたようである。

甲を施したカニングタワーが設置された。

陸軍省が要求した同戦車250両の調達は、対空戦車からの改装により実施され、アービントンのMGカーズ社が製造を担当した。これらの完成車両は第79機甲師団第87王立工兵機甲中隊に配備され、砲撃や爆撃による瓦礫の撤去などに用いられる予定だったが、供給は遅々として進まず、同中隊は1945年4月に入るまで活動を開始できなかった。ドーザー戦車はその後、朝鮮戦争、さらに1956年にはスエズ危機の「マスケット」作戦でも使用された。

砲塔を撤去した兵員輸送車で、大戦末期に計画された車両にセントー・カンガルーがあった。また、砲塔を撤去し兵員を満載した輸送車を戦車が牽引するという、王立電気機械技術工兵（REME）の計画についても詳細が残されている。余剰となったクロムウェル戦車に対して、シャーマン戦車のエンジンハッチを車体後部に取りつける現地改修がフランス国内で行われたが、英国内のセントーの場合、改造計画は実行されなかった。

そのほかにもクロムウェルに関するいくつかの計画について設計図が残されており、そのなかには、25ポンド砲を装甲板で覆い多数の機関銃を装備する自走砲も存在した。そうした車両は試作化には至らなかったが、これ以外にも写真が現存している改良車両がいくつかある。

## A30チャレンジャー
### A30 Challenger

チャレンジャーの起原にはさまざまな説がある。公式にはBRCW社が設計を依頼された「設計と開発の時間を最低必要限に抑えた17ポンド砲搭載の新戦車」がその始まりとなっている。一方、これは当時戦車設計部門の主任であったW・A・ロボサムのアイディアであり、その設計はダービーシャー州ベルパーにあるロールス・ロイス社の彼の設計チームが引き継いだと主張する者もある。どちらの言い分にも真実と思わせるさまざまな根拠があるが、一般的にはいわゆる「公式見解」の方が、より確実な根拠が多いとして支持されている。

「最低必要限の設計と開発時間」という言い回しには、その前途に警笛を鳴らすような響きが感じられる。これは英国の戦車開発で1940年から続く基本的方針であった。この方針は仮に現存する優秀な戦車に対して改良を行う場合は、もちろん大変有効だが、単なる手抜きにより必要条件すら満たせぬ、基準以下のものしか生み出せないとなれば、話はまったく別である。こうした諸問題を取り巻く環境は、設計を異なる数社に発注すれば最終的にまとまるだろうという、安易で希望的な観測のもとに発生し実行されたため、好転するはずがなかった。砲塔の製造に関しては、通常大型クレーンなどの製造を専門に行う

ルルワース砲術学校内にある特別監視塔から撮影されたA30チャレンジャーの上面。車体中央部が大型の砲を搭載するために拡張されている様子が確認できる。車長用キューポラがかなり前方に設置されている事にも注目されたい。

ストウサート＆ピット社一社に受託された。またその砲塔を搭載する車体はBRCW社が開発した。巨大化し、重量が増大した砲塔を搭載するために必要な改良は、A27Mの車体を拡張することで行う方針であったため、この選択は重要な「近道」に成り得ると考えられた。

この開発に必須の条件は、ターレットリングの直径の拡大であり、クロムウェルの1524mm（60インチ）から1778mm（70インチ）に広げられた。車体中央部に増設された新型上部構造物はエンジンデッキより高い位置に設置され、車体上部側面も履帯に覆い被さるように外側に向けて拡張された。また設計チームは、この新しい上部構造物のために車体の延長、そして重量増加のため増大した接地圧を軽減するための履帯数の増加も必要不可欠であると見なしていた。車体の延長部分をサポートするために転輪ステーションが両側面に1組追加された。

その延長分に合わせた比率で車幅の拡張を伴わず、車体延長の改造をのみを施した場合、必ず操縦性の悪化を招く。しかし、車幅の拡張は英国鉄道輸送規格に適合しない戦車製造のリスクを抱えてしまうため、避けなければならなかった。この規格は英国戦車の設計に1916年から制限を課していた。

ストウサート＆ピット社の砲塔は巨大なものであった。これは単に大型の主砲を搭載するためではなく、陸軍省の求めた俯仰角にも対応するスペースを確保しなければならなかったためである。この部分的に溶接接合と鋳造を採用した砲塔は、その増加した重量のために砲全体は大型のスチール・ボール上に載せられ、ボール自体は車体床面に設置された特別な架台に取りつけられていた。これは当時標準だったが、いろいろと複雑なボールレース式ターレットリングの使用を避けるためでもあった。

このボール装置は（機能的には懐疑的との見解があった）独自の（TOG2重戦車を除けば）副次的機能をチャレンジャーのみに備えさせることになった。その能力とは戦闘室内部から砲塔そのものを25.4mm（1インチ）ジャッキアップするというものであった。これは砲塔そのものを上下させることにより、事故や敵の行動によって旋回不能に陥る原因や危険を未然に防ぐというアイディアだった。

1942年8月に戦車局の代表はA30試作車と対面した。それはみるからに不恰好で、高さがありどっしりとした砲塔が、延長した低い車体上にそびえ立っていた。ルルワース砲術学校での射撃テストで、新型メトロポリタン・ヴィッカーズ・メタダイン電動式砲塔旋回ギアはうまく機能することが確認された。しかし、その弾薬の重量の関係から装填手の増員が好ましいことが付け加えられた。ほかの17ポンド砲搭載の装甲車両は1名の装填手のみで運用されていたので、実戦場においては追加乗員なしですませたようである。砲塔には当時の英国戦車には珍しく主砲同軸の.30（7.62mm）ブローニング機関銃が装備されていたが、車体機関銃はなかった。内部スペースに関しては申し分なく、特に弾薬積載には適し

作戦行動中のA30チャレンジャーの細部を捉えた写真。砲塔前方の湾曲したターレットリング防弾板と砲塔上両ハッチなどが確認できる。砲塔のマーキングからはC中隊第4小隊（第15/第19軽騎兵隊連隊で用いられた典型的なマーキングシステム）所属の車両であること以外、詳細は分からない。

第15/19軽騎兵隊連隊C中隊第4小隊所属の典型的なチャレンジャーを捉えた、一連の写真からの一葉。1944年10月、オランダで撮影。砲塔と砲身のカモフラージュに多大な労力を費やしているが、かえってその巨体を強調しているようにみえる。

ていた。また重量も軽減されていた。

1943年2月、A30はクロムウェルの生産よりも優先させるという条件付で製造ラインに乗せられ、200両がBRCWに発注された。チャレンジャーには特別な役目が与えられた。それは同部隊所属のクロムウェルに対して遠距離からの対戦車支援を行うというものであり、クロムウェル戦車と置き換えられたわけではなかった。これは一時期、モントゴメリー将軍が信じていたとされる戦術に則った形だった。

カナダ製非破壊ローラー式地雷発見装置取り付け用ブラケットを前面に装備した、クロムウェルT187820が再び登場。今回は27kg（60ポンド）弾頭をもつ76.2mm（3インチ）タイフーンロケット弾を4基発射できるようにランチャーを装備されている。これは特殊装甲車両開発機関（SADE）が1946年に同車で行った試験の記録である。

## 作戦行動
### Into Action

チャレンジャー戦車は当時、より人気がありライバルでもあるシャーマン・ファイアフライ戦車と同様に、ホール・パンチャー──穴あけ器（かの「人民戦車」に匹敵する）──であると描写されていた。理論的にはチャレンジャーの主砲はAPCBC（仮帽付被帽徹甲弾）を使用した場合、少なくとも111mm（4.37インチ）厚の装甲を1828m（2000ヤード）の距離内であれば打ち抜くことができた。APDS（装弾筒付徹甲弾）を使用した場合は161mm（6.34インチ）の装甲を貫通できた。実際には主砲の精度は予想より悪く、また照準器も同様に平均的で特に優れたものではなかった。飛翔中生じる揺れが原因で、砲弾が目標物に先端から命中せず斜めに着弾して弾き返されてしまう、と示唆するも者もいた。ルルワース砲術学校で行われたテスト結果はここで述べるに値するものである。「17ポンド砲をヨーロッパの環境下で長距離射撃に使用する場合の信頼性は、その不十分な防御力を補う水準にはない」という見解であった。仮にそうであったとしても、同砲はドイツ軍戦車将兵からはその威力ゆえに敬意をはらわれていた。

部隊内の装備を統一する目的から、チャレンジャー戦車は第15/19軽騎兵連隊を始めとする北西ヨーロッパのクロムウェル配備部隊にのみ支給された。限られた作戦行動から同車の遊動輪の組み立て部品の脆弱性が浮上し、一時期、大量の車両を回収しなければならなかった。製造半ばになって前面装甲増加などの改良が導入された。1943年には陸軍参謀本部式に基づいて、36.6メートルトン（36英トン）の重装甲を有したチャレンジャー・「ステージⅡ」の設計案が提出されたが、このプロジェクトは中止された。

## A30アヴェンジャーSP2対戦車自走砲
### A30 Avenger SP2

英軍内において戦車駆逐車部隊の用兵は、王立砲兵が担当する分野であった。砲兵部隊は17ポンド砲に換装した米国製M10、そして同砲を装備したバレンタイン・アーチャー自走砲を暫定的な処置として運用していた。一方で設計はアーチャーと同時期だったにもかかわらず、A30・17ポンド自走砲（アヴェンジャーという名称は戦後になって与えられたものである）の発展にはまだ時間が必要であった。

基本的に本車はA30チャレンジャーの車体を車高を下げるために再設計し、17ポンド砲搭載の背の低い全周旋回砲塔を備えた自走砲であった。北西ヨーロッパでドイツ軍が使用した空中炸裂弾により自走砲乗員たちが負傷した経験から、アヴェンジャーまたはSP2として知られるこの戦車駆逐車砲塔の頂部には、スペースド・ヘッドカバー装甲の屋根が取り付けられていた。完成車両は見栄えの良いものであったが、配備された時期が

あまりに遅く、2個対戦車連隊でわずかな期間運用されて終戦を迎えた。1949年を最後に、ボーヴィントン・キャンプにおいて王立砲兵連隊は、アヴェンジャーによる教育訓練任務に終止符を打った。

## A34コメット戦車
A34 Comet

　クロムウェルに搭載するには大き過ぎたが、ヴィッカース社の砲身長50口径高初速75mm砲の開発は継続されていた。問題を混乱させたのは、実戦投入時に砲口の口径が76.2mm［17ポンド砲と同じ口径］に変更されたことである［当時、英軍は17ポンド砲、75mm砲、3インチ砲など、似たような口径の戦車砲を使用していた］。砲尾は17ポンド砲弾［コンパクト版。弾頭は17ポンド砲と同じだが、砲塔内での取り扱いを容易にするため、薬莢の全長は短く、径は太くなっていた］を装填するように改良され、公式な表記も77mm砲と改められた。これはチャレンジャーの長砲身砲との混同を避けるためである。新しい砲の精度は17ポンド砲から発射される榴弾よりも向上した。それにもかかわらず、戦車局はアメリカ製76mm砲の採用も検討するよう提案していた。幸運にも、この76mm砲は期待に沿うものではなかったため、最終的に英国製の砲が採用されることになり、コメットを卓越した戦車として完成させた。

　レイランド・モーターズ社が製造親会社として指名された。どうやら彼らのミーティアエンジンに対する疑念はこのころには晴れたようである。実際にコメット戦車の砲塔を除いた他の部分を見ると、さまざまな点から改良されたクロムウェルといえる車両だった。これはたとえ英国製二流戦車であったとしても、相応に改良が施されれば良いものに仕上がることの証明であり、感心すべき結果であった。砲塔は溶接接合構造で、複雑な形状をした鋳造製の前面部には、ターレットリングの円周内に収まる外装式防盾が装着されていた。主砲重量のカウンターバランスのために砲塔後部は延長され、そこには無線機が設置された。全周囲視認キューポラ及び幅広履帯（457mm＝18インチ）の走行補助用に上部支持転輪などが標準装備として追加された。その後の試験の結果、上部支持転輪の有効性は確認されなかったが、外見上の違いを生んだため、同戦車の識別に役立った。

　コメット戦車は、まず第11機甲師団第29機甲旅団に支給されすぐさま人気を得たが、これはベテランのシャーマン戦車乗員でさえも同じであった。同戦車は快速で操縦性も良かった。そして何よりも戦えたのである！　それはまるでシャーマン・ファイアフライを装備した1個連隊を保有したようなものだった。これ

特殊装甲車両開発機関による別の試験を記録した写真。装甲サーチライト車［秘匿名称「カナル・ディフェンス・ライト」、CDL ＝ Canal Defense Light］開発計画に従って、このMkVIIwは砲塔前方左右に水銀灯のスポットライトを装着されている。実験用の電力は後部デッキに搭載する発電機から供給された。［「カナル・ディフェンス・ライト」については本シリーズVol.9『マチルダ歩兵戦車1938-1945』の45頁を参照されたい］

バーミンガム市スメジックにあるバーミンガム・レールウェイ・キャリッジ＆ワゴン（BRCW）社内の、A30アヴェンジャー車体組み立てライン。その奥には搭載を待つ砲塔の列がみえる。

陣地から砲塔だけを出したハルダウン（部分遮蔽）ポジションをとる、量産型アヴェンジャー。写真からサスペンションの可動範囲とその位置がよくわかる。砲塔上面の開口部には迫撃砲や頭上で炸裂する砲弾の破片から乗員を保護するための特別な屋根——スペースド・ヘッドカバー装甲——が設置されている。

でほぼすべての射程においてパンターと同等にわたりあえるばかりか、ティーガーにも十分対抗できるようになった。大戦終了以前に指揮戦車及び統制戦車が存在したことを示す確実な証拠は残されていないが、いくつかの連隊指揮所においてコメットの砲塔内を公式の指揮、統制戦車仕様に改造したという資料とイラストが残されている。

### コメット・クロコダイル戦車
Comet Crocodile

現存する1枚の写真が火焔放射仕様のコメット戦車の存在を明らかにした。本車はチャーチル・クロコダイル火焔放射戦車に類似しており、燃料圧縮トレーラーと放射口を車体前面機関銃の位置に装備していた。これらはほぼ間違いなく戦後の改修である。改修に関する資料は残されていないが、これはモントゴメリー将軍のキャピタル戦車の考えに基づいたものであると思われる。キャピタル戦車とは火焔放射、地雷除去、そして水陸両用の作戦等すべてを遂行できる能力を持ち合わせた理論上の戦車である。このほかに特別な改修を加えられたコメット戦車は知られていない。

## POST-WAR DEVELOPMENTS
# 大戦後の開発

コメットとダイヤモンドT戦車運搬車。コメットの砲塔は輸送に備えて後方に向けられ、後部デッキ上の砲固定具にロックされている。長砲身のマズルブレーキをクリアするために、ノルマンディーカウルが中央で分割されている点に注意。

英国陸軍による戦後のクロムウェルとコメットに対しての位置づけは、戦闘車両設計機関が1950年ころに作成したレポートに記されている。これによれば、両戦車は76mm砲以上の主砲を装備した旧式のT-34を含む全ロシア戦車、及び対戦車砲の射程内において撃破される可能性があるとしている。それにもかかわらずコメットは、英国領の国防義勇軍に1954年まで配備されていた。これらの多くは中近東の備蓄装備だった。

しかしまだ、生残性を向上するためには大がかりな改装を必要とする、旧式のクロムウェルがありあまるほど存在していた。合計618両のクロムウェル戦車が王立兵器廠で改造され、そのうち442両が後にチャリオティア戦車として改造された。なお、1948年から陸軍省の新しい登録制度が導入され、「マーク」を示す記号がローマ数字からアラビア数字に変更されている。これによりたとえば、戦時中にクロムウェルVwだった型式名はMark7wに変更されることになった。

英軍所属のクロムウェル戦車部隊がおそらく、その主砲を実戦で最後に使用したのは、1951年1月、朝鮮戦争において第8「キングス・ロイヤル・アイリッシュ」軽騎兵連隊、そして第45王立砲兵野砲連隊（主砲装備の観測戦車）が圧倒的多数の敵に対して捨て身の戦闘を行った際であろう。コメット戦車はその後も部隊に配備され続けたが、一度も深刻な戦闘に参加を要請されることはなかった。数両の生き残り車両が試験的用途に使用されたが、そのなかで記すべきもっとも重要なものは、1968年にCOMRES-75という名で戦闘車両研究開発機関により開発された、83.3mm自動装填砲搭載車であろう。

香港のパレードで撮影された第3王立戦車連隊の車両。このMkIコメット戦車の側面には陸軍省車両登録ナンバーが、車体前面には現地部隊番号がマーキングされている。写真は英国がかつて世界各地に軍隊を駐留させていた時代に撮影されたものである。

## FV4101チャリオティア
FV4101 Charioteer

　1951年の初め、王立機甲軍団長（DRAC）ナイジェル・ダンカン少将は、仮にヨーロッパで敵と戦闘状態に入った場合、最低でも戦時編制1単位分のクロムウェルの投入が必要になると述べている。もちろん少将は75mm砲が当時最新のロシア戦車に対して無力である事実をよく理解していた。そのため戦闘車両開発機関（FVDE）に対して83.4mm・20ポンド砲の搭載方法を見つけ出すよう要求したが、これは無理難題であった。

　17ポンド砲搭載時でさえそのサイズからさまざまな問題が発生したが、1947年に初めてその姿を現した20ポンド砲はそれ以上に大型な砲であった。この砲はセンチュリオンMk3戦車用に開発されたものだったが、その生産は遅れていたため20ポンド砲に余剰が生じていた。FVDEによる20ポンド砲への換装作業のなかでもっとも注目すべきは、ターレットリングの大型化のため戦闘室中央の拡張を行いつつも、車体そのものの延長は（A30チャレンジャーの場合とは異なり）必要としなかった点である。基本的にクロムウェルの車体は原型が保たれたために、元の耐久性、そして性能に影響をもたらさなかった。しかし、全体的には恐ろしい結果を生んでしまった。新型砲塔は巨大なものであった。全体の重量を抑える必要が生じたために、前面装甲厚はたったの38mm（1.5インチ）、そして側面は厚さわずか25mm（1インチ）にされてしまった。これは戦闘中に一旦被弾すれば、戦車乗員たちが恐らく生きて二度目の弾着を受けることはない車両を意味していた。同戦車には操縦手、装填手兼無線手、車長兼砲手の合計3名の乗員が搭乗した。砲塔上にキューポラがない理由は、戦闘中この乗員構成では戦車長も装填手も外を見ている余裕などないからだと説明する者もいた。砲塔内にはわずか25発しか弾薬が積まれていなかったにもかかわらず、装填手はクリップで砲塔内ラックに留められた巨大な弾薬を扱うために手一杯になったはずである。彼が主砲左に装備された同軸機関銃を操作できるのは、弾薬の装填もしくは無線連絡を行っていない時に限られた。

■大戦後のクロムウェル再生計画

| 製造元 | マーク | タイプ | 再生されずそのまま残った車両数 |
|---|---|---|---|
| BRCW | I | A | 1 |
|  | I | C | 1 |
|  | V、NFS | C | 13 |
|  | Vw、FS | Dw | 5 |
|  | Vw、FS | Ew | 3 |
|  | VIIw、FS | Ew | 36 |
| イングリッシュ・エレクトリック | IV、NFS | C | 26 |
|  | IV、FS | C | 1 |
| ファウラー | VI、FS | D | 1 |
|  | VI、FS | E | 36 |
| レイランド・モーターズ他 | IV、FS | E | 50 |
|  | IV、FS | F | 189 |
| メトロポリタン・キャメル | VI、NFS | C | 0 |
|  | VI、NFS | D | 5 |
|  | VI、FS | D | 13 |
|  | VI、FS | E | 13 |
|  | VI、FS | F | 98 |
| 総計 |  |  | 491 |

この「フィアノート」と命名されたコメットは王立第6戦車連隊本部中隊の所属で、95mmダミー砲を装備した指揮戦車に改造された車両である。95mm砲が実際にコメットに装備されたことはなかった。写真は戦後もないイタリヤ国内の、とある駅で撮影された。

車体には機関銃が装備されておらず、操縦手区画左の空間は時折4人目の乗員が陣取る場合もあったが、乗員の個人装備の収納に使用された。20ポンド砲発射に伴う発砲煙は、距離1371m（1500ヤード）以下の目標の視認を困難にしてしまうために、指揮官は降車して側面から直接照準で指示する必要があった。このような場合には4番目の乗員が砲手の位置に付いた。チャリオティアは対戦車砲と呼ばれることもあり、密閉式砲塔を有しながらも、一世代前の戦車駆逐車との共通点が多かった。しかしながら、追加装備の同軸機関銃により、同車両には戦車を名乗る資格があるはずで、事実、王立機甲軍団国防義勇連隊に初めて部隊配備された際には、戦車として認識されていた。それでもチャリオティアの英陸軍での運用は短命に終わり、多くは輸出されていった。

センチュリオンの20ポンド砲をアップグレードするために導入された105mm砲を、チャリオティアにも同様に搭載した例が2件存在する。1960年、シューブリネスとキックカブブライトで行われた105mm砲の射撃試験では――発射時に伴う反動力がこのような軽い車体には大きすぎると信じられていたにもかかわらず――、結果は良好で悪い影響が観察されなかった。1972年、英国陸軍チームは砲塔の旋回を油圧式から電動式に現地改修した105mm砲搭載チャリオティアを調査するため、レバノンに派遣された。しかし、修復の程度があまりに酷かったため、意義のある調査結果は得られないと判断が下された。

| | 再生されたクロムウェル戦車数 | | | クロムウェル合計 | チャリオティアに改造された車輌 | | | | チャリオティア合計 |
|---|---|---|---|---|---|---|---|---|---|
| マーク4D | マーク7 | マーク7w | マーク8 | | マーク6 | マーク7 | マーク7w | マーク8 | |
| 0 | 0 | 0 | 0 | 1 | 0 | 0 | 0 | 0 | 0 |
| 0 | 0 | 0 | 0 | 1 | 0 | 0 | 0 | 0 | 0 |
| 0 | 29 | 0 | 0 | 42 | 0 | 2 | 0 | 0 | 2 |
| 0 | 0 | 7 | 0 | 12 | 0 | 0 | 5 | 0 | 5 |
| 0 | 0 | 0 | 0 | 3 | 0 | 0 | 0 | 0 | 0 |
| 0 | 0 | 0 | 0 | 36 | 0 | 0 | 36 | 0 | 36 |
| 2 | 19 | 0 | 0 | 47 | 0 | 0 | 0 | 0 | 0 |
| 77 | 65 | 0 | 0 | 143 | 0 | 40 | 0 | 0 | 40 |
| 0 | 0 | 0 | 2 | 3 | 0 | 0 | 0 | 2 | 2 |
| 1 | 0 | 0 | 17 | 54 | 1 | 0 | 0 | 17 | 18 |
| 0 | 87 | 0 | 0 | 137 | 0 | 60 | 0 | 0 | 60 |
| 0 | 225 | 0 | 0 | 414 | 0 | 154 | 0 | 0 | 154 |
| 0 | 0 | 0 | 5 | 5 | 0 | 0 | 0 | 0 | 0 |
| 0 | 0 | 0 | 2 | 7 | 0 | 0 | 0 | 0 | 0 |
| 0 | 0 | 0 | 11 | 24 | 3 | 0 | 0 | 11 | 14 |
| 0 | 0 | 0 | 14 | 27 | 2 | 0 | 0 | 14 | 16 |
| 0 | 5 | 0 | 50 | 153 | 38 | 5 | 0 | 52 | 95 |
| 80 | 430 | 7 | 101 | 1109 | 44 | 261 | 41 | 96 | 442 |

■クロムウェル型戦車の海外向け販売、引渡し総数 1943～72年

| | キャヴァリア | セントー | クロムウェル | チャレンジャー | コメット | チャリオティア |
|---|---|---|---|---|---|---|
| オーストラリア | -- | -- | 1 | -- | -- | -- |
| オーストリア | -- | -- | -- | -- | -- | 82 |
| ビルマ | -- | -- | -- | -- | 22 | -- |
| キューバ | -- | -- | -- | -- | 14 | -- |
| チェコスロバキア | -- | -- | 168 | 22 | -- | -- |
| アイルランド | -- | -- | -- | -- | 8 | -- |
| フィンランド | -- | -- | -- | -- | 41 | 38 |
| フランス | 43 | 71 | -- | -- | -- | -- |
| ギリシャ | -- | 52 | -- | -- | -- | -- |
| 香港 | -- | -- | -- | -- | 69 | -- |
| イスラエル | -- | -- | 2 | -- | -- | -- |
| ヨルダン | -- | -- | -- | -- | -- | 49 |
| レバノン | -- | -- | -- | -- | -- | 20 |
| ポルトガル | -- | 不明 | -- | -- | -- | -- |
| 南アフリカ | -- | -- | -- | -- | 26 | -- |
| ソ連 | -- | -- | 6 | -- | -- | -- |
| 西ドイツ | -- | -- | -- | -- | 13 | -- |
| 総計 | 43 | 123 | 177 | 22 | 193 | 189 |

## コメット1装甲メンテナンス車
### Comet 1 Armoured Maintenace Vehicle

　南アフリカ共和国軍が運用していた装甲メンテナンス車（AMV）が、軍務に就いたコメット最後の改修型であることは、ほぼ間違いない。「メンテナンス」（整備）という言葉をあえて「リカバリー」（回収）と区別するために使用していることに注意してほしい。コメットAMV試作車は1978年、ブルームフォンテーンのオレンジ自由州軍司令部工廠で開発された。1980年に審査後、3両存在したコメットAMVの1両が南アフリカ共和国軍で使用された。同車にはコンチネンタルV型12気筒空冷式エンジンをアリソン3段自動変速ギアボックスに繋いだ動力伝達装置を、オリジナルと交換した大幅な改造が加えられていた。無砲塔の本車には4名が乗り組み、車体後部に強力なハイドロベーン社油圧式クレーン、そして南アフリカがセンチュリオン戦車を大々的に改造したオリファント戦車専用の、コンチネンタル・ディーゼルエンジンの予備を搭載できる架台を車体前部に装備していた。AMVはさまざまな工具類のほかに水、潤滑油、溶接用具類、切断工具などを装備しており、その任務が戦場におけるオリファント戦車の整備であることは明らかだった。同車は恐らく回収車の常として、スタミナ不足であったと思われる。コメットAMVは1985年、新型の装輪装甲メンテナンス車が導入された際に引退した。

このクロムウェル7タイプDは戦後、中東で使用するためにクロムウェルMkVタイプCから再生された車両である。車両前面に確認できるSAシリアルは通常、FS規格を満たしていない車両に与えられた。乗員たちが地元民と雑談をしているが、不用心なことに同車には機銃が装備されていない。

## CONCLUSION
# 結語

　テットフォードの森を抜ける道路の脇に設置されたレンガ製の台座に、そのクロムウェルを見つけることができる。同戦車はこの場所でDデイのために訓練を行った第7機甲師団、「砂漠のネズミ」の記念碑である。箱のような砲塔と、幅の狭い

| 合計 | 備考 |
|---|---|
| 1 | 評価、検討用車輌 |
| 82 | |
| 22 | |
| 14 | |
| 190 | 元第1「チェコスロバキア」機甲旅団の配備車両 |
| 8 | |
| 79 | |
| 114 | キャバリアOP（観測戦車）を含む |
| 52 | |
| 69 | 香港駐屯部隊 |
| 2 | 1948年に第4/第7竜騎兵連隊から盗んだ車両 |
| 49 | 1967年の紛争後、残余車輌をレバノンに売却 |
| 20 | 元ヨルダン軍車輌を除く |
| 不明 | 該当資料なし |
| 26 | |
| 6 | 評価、検討用車輌 |
| 13 | |
| 747 | |

第7王立戦車連隊のチャーチルMk7とともに朝鮮半島で放棄された、クロムウェルMkIVタイプE再生のMk7。

履帯しかもたず、台座の上で風雨に晒されてきたであろうこの戦車はとても小さく見える。ましてや同時期に存在したアメリカやドイツの大きな戦車のように、その場を占有するような威圧感などない。しかしながらこの戦車はその役目を果たしたのである。

英国には、人の扱うすべての道具についての格言がある。

「道具ではない、それを扱う人がものをいう」。

クロムウェルに関してはまさにこれが当てはまるであろう。あまりにも開発に時間をかけすぎたために、戦場に送られた時には実質的に旧式化していた。それにもかかわらず、この戦車はヨーロッパ戦線で英国3個とポーランド1個師団、そしてチェコ1個旅団を勝利に導いたのである。良しにつけ悪しきにつけ、これは「扱った人がものをいった」からにちがいない。

■参考文献 BIBLIOGRAPHY

Courage, G., *History of the 15th/19th King's Royal Hussars 1939-1945*, Gale & Polden: 1949
Fitzroy, Olivia, *Men of Valour (VIIIth Hussars) 1929-1957*, private publication: 1961
Jones, Keith, *Sixty Four Days of a Normandy Summer*, St Edmundsbury Press: 1990
Miller, Charles, *History of the 13th/18th (Queen Mary's Own) Hussars 1927-1947*, Chrisman Bradshaw: 1949
Robotham, W. A., *Silver Ghost and Silver Dawn*, Constable: 1970
Taylor, Daniel, *Villers-Bocage Through the Lens*, After the Battle: 1999

先頭を行くクロムウェルMkVIIIタイプF「トリポリ」は、もともとその一生をクロムウェルMkVIとしてスタートさせた車両である。写真のコメット小隊は第40王立戦車連隊（第23旅団）に所属し、リヴァプール市内をパレード中である。後にこれらの車両はチャリオティア戦車に生まれ変わり、配備を続けられる（45頁の写真を参照）。

この一風変わった COMRES ー75は、コメットIBの車体を使用して開発が行われた車両である。弾薬は主砲の両側のチューブに収納され、後方から自動的に、全乗員が車体内に留まったままで装填できた。1970年代に英国・西ドイツ協同で行われた開発計画は、結局永続きしなかった。

鮮明ではないが、英軍仕様のチャリオティアを撮影した珍しい一葉。第23装甲旅団の車両がリバプール市内をパレード中であるが、その光景はまるで「赤の広場」のようである。このチャリオティアは第46（「リバプール・ウェルシュ」）王立戦車連隊の所属と思われる。

## カラー・イラスト解説 color plate commentary

### 図版A1：セントー MkI　第9機甲師団第28機甲旅団第1「ファイフ＆フォーファー・ヨーマンリー（義勇農騎兵）」連隊　英国　1943年4月

　スタッフォードのイングリッシュ・エレクトリック社が製造したセントーIタイプA車体。タイプA車体はフェンダーの両側に収納箱各2個を装備している。砲塔後部の車体上面に設置されたエアインテイクの箱形カバーは、クロムウェルの標準的装備であるが、イラストのようにセントーにも使用された。赤／白／青の敵味方識別マークは北アフリカ、イタリア戦線でよくみられた。その後、ヨーロッパ戦線では白い星のマークに変更された［こちらは短期間しか使用されなかった］。パンダの顔を描いた特徴的なマーキングは第9機甲師団のシンボルであるが、同師団のマークを英国国外で見ることは決してなかった。第1「ファイフ＆フォーファー・ヨーマンリー」連隊のみ、その後クロコダイル火焔放射戦車に装備変更され、第79機甲師団の一部隊として戦った。「53」と記載された赤い四角内の番号は機甲旅団内の下位連隊を示す。

### 図版A2：セントーIII対空戦車MkI　英国　1944年

　当時の報告書によれば、セントーはヨーロッパ侵攻時に対空戦車の任務をクルセーダーから引き継ぐ予定であった。しかし実際に交代をされることはなかった。そのためこの対空戦車にみられるマーキングは、陸軍省車両登録ナンバー、防盾に描かれた照準目盛と砲塔のシンボルマーク、ブラックキャノンのみである。ブラックキャノンはドーセットのルルワース砲術学校、王立機甲軍団のカラーの上に描かれている。砲塔内の限られたスペースに閉じ込められ、かなり窮屈な姿勢で配置についていた乗員は、急激に動く機関砲に大型のドラム型弾装を交換・装填しなければならなかったため、つねに怪我の危険と隣り合わせであった。このためNo19無線機は砲塔内部から操縦手の近くに移され、アンテナ基部も車体前

面上部装甲板に移動した。そのすぐ後方には砲塔旋回用補助エンジンの排気管があり、これもまたドライバーに近い位置に取り付けられていた。機関砲の発射速度は毎分450発であった。

### 図版B：セントーMkIV　王立海兵機甲支援グループ第1連隊第2砲兵中隊　ノルマンディ　1944年6月

　もっとも人目を惹く特徴はやはりその砲塔に施されたマーキングであろう。方位目盛を直接描きこんだマーキングは、戦車揚陸艇の上から海軍の砲術に則った支援射撃を加えるという計画に基づいて導入された。砲手用のペリスコープは戦車長の前方に位置する装甲ボックスから突き出る形で取り付けられた砲兵用照準器と交換されている。連隊は2個砲兵中隊から成り、中隊は4個小隊を有していた。各小隊には95mm砲装備のセントー4両と、シャーマン指揮戦車1両が配備されていた。それぞれの小隊は文字記号で識別され、各車両の名称には通常、英国海軍艦艇のものが用いていた。たとえばイラストの「ハンター」は「H」級駆逐艦HMS「ハンター」にちなんでいた。

　車体前方の機関銃は船上ではまったく役に立たないので取り外された。収納箱が追加されているが、これはひとたび部隊が上陸すれば、各車両は完全に独立して作戦行動を起こすことを意味するものである。

### 図版C1：クロムウェルMkVw戦車　第7機甲師団第22機甲旅団王立第5戦車連隊
### ノルマンディ　1944年

　古参兵らしくかなり本格的に各種の荷物が雑然と積まれた、典型的な「砂漠のネズミ」の姿が描かれている。また、このイラストはノルマンディ特有のヘッジロウ〔ヘッジロウは低木の生け垣のこと。ヘッジロウ（地形）とはフランス語のボカージュ——フランス西部の農村地帯に独特な囲い地——を指す〕での戦闘用に採用された、木の葉や小枝を砲塔に取り付けるカモフラージュの一例を露呈している。またこの車両にはノルマンディーカウルと呼ばれた特別な排気カバーが取り付けられている。これはアイドリング中に排気ガスが砲塔から車両内部へ逆流するのを防ぐためのものであった。フェンダーはかなりのダメージを受けているが、これは長い道のりを乗員たちとともに進んできた典型的な証である。軽量化を図るためにフェンダーには薄い金属板が採用され、そのため運転中の事故や敵の砲火で簡単にダメージを受けた。この時期、第5王立戦車連隊は第53旅団麾下の部隊、第5近衛竜騎兵と第1王立戦車連隊の下位にあった（1944年11月以降）。

### 図版C2：クロムウェルMkVI　第1ポーランド機甲師団第10ライフル連隊A中隊　ノルマンディ　1944年

　第10ライフル連隊は第1ポーランド機甲師団の偵察部隊であり、そのため白の中隊カラーを使用している。各中隊には2両の95mm近接支援戦車が配備されていた。英国内で当時用いられていた典型的な機甲師団編制を採用していたため、第1ポーランド師団所属の旅団はシャーマン戦車を3個連隊で使用し、クロムウェル戦車（とA30チャレンジャー）は1個偵察連隊にのみ装備された。ポーランド軍はその戦車を旺盛な戦意の下で使用

チャリオティア01ZW29に変身したクロムウェルMkVIII（43頁の写真解説を参照）。このアングルからみた砲塔はまったく無理のないデザインのようだが、20ポンド砲だけは断然巨大にみえる。収納箱は装着されておらず、また前面の牽引用ケーブル、砲塔側面のカモフラージュネットなどの通常装備もないが、車両後面では後方に向けた砲身を固定するトラベリング・クランプを確認できる。最終的にこの車両はヨルダンへ送られた。

合同実験実施機関（COXE）による渡渉試験中のA型砲身装備チャリオティア。砲塔の乗員たちは「まさかの事態」に備え、抜かりなくライフジャケット着用している。対岸にアップルドアの町並みを控えたノースデヴンの、タウ河口域で撮影。

した。彼らにはすべての武器を乱射させながら進撃する傾向があり、あまりの激しさから、隣接する戦闘区を担当していた英軍を驚かせ、戦況が悪化したかのような印象を与えてしまうことがあった。

#### 図版D：クロムウェル戦車
　各部名称はカラー・イラストを参照。

#### 図版E1：クロムウェル装甲回収車MkI　第11機甲師団第2「ノーサンプトンシャー・ヨーマンリー（義勇農騎兵）」連隊C中隊
　白の中隊シンボルは、第11機甲師団所属の独立偵察連隊として活動していた、第2「ノーサンプトンシャー・ヨーマンリー」を示している。この部隊は師団中で唯一、クロムウェル戦車を各中隊に装備していた。また、それぞれには装甲回収車1両も配備されていた。ジブクレーンとホイスト（巻き上げ機）は使用時以外、回収作業に必要なその他の工具類とともに車上に収納されていた。これら車両はパワーウインチを装備していなかったために、スナッチブロックと留め金を使用して、損傷車両を戦車運搬車を運用できる場所まで牽引した。装甲回収車（ARV）の任務は王立電気機械技術工兵（REME）によって遂行された。

#### 図版E2：クロムウェルMkIV　第7機甲師団「キングズ・オウン」軽騎兵連隊　「ブラックコック」作戦　1945年1月
　「ブラックコック」作戦は過酷な厳冬のなか、オランダとドイツの国境付近で行われた激しい戦いであった。各戦車には雪景色に溶け込むように荒っぽい冬季迷彩が施された。これによりほとんどのマーキングは塗りつぶされて、確認することができない。第7機甲師団はクロムウェル戦車を主要装備として編成された唯一の部隊である。第8軽騎兵連隊は名目上、同師団の偵察連隊であったが、1945年の冬には第22機甲旅団編成下の4番目の機甲連隊となった。これは戦場における豊富な経験が評価された結果である。イラストに示したクロムウェルの車体はタイプFである。砲塔側面に小型収納箱が取り付けられていることからも、識別が可能である。

#### 図版F：A34コメット　第11機甲師団　第2「ファイフ＆フォーファー・ヨーマンリー」連隊本部　ドイツ　1945年
　連隊本部の車両には特別に、英国の4人の守護聖人の名前が与えられていた。ここに描かれた「セント・アンドリュー」を、スコットランド連隊の車両が拝名したのは適切なことである［英国の守護聖人：イングランドはセント・ジョージ（聖ゲオルギウス）、スコットランドはセント・アンドリュー（聖アンデレ）、ウェールズはセント・デイヴィッド（聖ダヴィデ）、アイルランドはセント・パトリック（聖パトリキウス）］。コメットの指揮戦車、及び統制戦車型は大戦後に制式導入されたが、大戦中に製造されたという記録は残っていない。しかし「セント・アンドリュー」の前面装甲板には追加装備されたアンテナが確認でき、これは現地改修されたことを示唆している。白の「53」は第2「ファイフ＆フォーファー・ヨーマンリー」がこの時点で第29機甲旅団所属の下位連隊であることを示している。また、砲塔側面の青いダイヤモンドは、連隊本部を示すマーキングである。

　ローアングルより眺める幅広履帯（457mm／18インチ）装着のコメット戦車からは、その前任のクロムウェルとは異なり、どっしりとした安定感が感じられる。コメットの速度はA27Mとほぼ同じだったが、武装はより優れていた。77mm砲はAPDS（装弾筒付徹甲弾）を使用した場合、距離1828m（2000ヤード）から122mm（4.8インチ）の装甲を貫徹することができ、命中精度においても高い評価を得ていた。残念ながらコメット戦車の配備は遅すぎたため、長所を存分に発揮する場面がなかった。

#### 図版G1：A30チャレンジャー　第1チェコスロヴァキア独立旅団グループ　ダンケルク　1944年

セントー MkIタイプBを捉えたすばらしい写真。1944年5月、ポートンダウンのソールズベリー平原において、後部煙幕発生装置をデモンストレーション中の光景である。

新型95mm榴弾砲（カウンターウエイトなし）の試験に使用されるセントー戦車。車体はタイプAだが、穴あきゴム製リム転輪、砲塔後部の車体上面エアインテイクの箱形カバーなどは典型的なクロムウェルのものになっている。

チェコ独立旅団は連合軍主力部隊が素通りしたダンケルクで、ドイツ軍駐屯部隊の掃討にほとんどの時間を費やし、大戦終了と同時に母国に帰還した。連隊は一部でスチュアート偵察戦車を運用した以外、すべてクロムウェルとチャレンジャーで編成されていた。

チャレンジャーの側面形は不恰好で、シャーマン戦車よりわずかながら車高が低いようにはとてもみえない。17ポンド砲を搭載したすべての戦車の共通した問題は、敵の注意を引き付けてしまうその長砲身にあった。砲身の長さを欺瞞するために多くの試みがなされた、もっとも好評であった対処法はイラストが示すように、砲身の下半分を周囲にとけ込むにぶい色で塗装することであった。

**図版G2：FV4101チャリオティア　王立ヨルダン機甲軍団第3戦車連隊　1960年**

英国国防義勇軍で軍務に就いていた442両のクロムウェルのうち、チャリオティアに改造された189両は他国軍へ売却された。オーストリア82両、フィンランド38両、ヨルダン49両、そしてレバノンに20両が引き渡されている。ヨルダン保有の戦車は1954年にアラブ軍団に参加した時点で、もっとも強力な装甲戦闘車両だった。しかし、1967年の「六日戦争」[第3次中東戦争]では、もはや旧式と呼ぶ以前の兵器に成り下がった。イスラエル軍の反撃を生き残った車両はレバノンに引き渡され、内戦時には何両かの戦車がパレスチナ解放機構により使用されている。イラストはBタイプの車体に20ポンド砲（砲口径83.4mm／3.28インチ）を装備したヨルダン軍のチャリオティアで、砲身の真ん中に取りつけられた排煙器がその識別点になっている。

ベルファストのハーランド＆ウルフ車で主砲搭載を待つ真新しいセントーI。すべての転輪が穴あきゴム製リムで、クロムウェルでは標準のエアインテイクを装備しており、これはイングリッシュ・エレクトリック車及びLMSレールウェイ社製セントーの典型でもある。

バーミンガムから送り出された最後の100両に採用された増加装甲を確認できるチャレンジャー（右）。隣はチャレンジャーと同じ主砲を搭載し、車高を低く再設計された戦車駆逐車アヴェンジャーの試作車。

◎訳者紹介 | 篠原比佐人（しのはらひさと）

1966年生まれ。カナダ、アルバータ州立大学物理学部卒業。卒業後はカナダでのガイド、通訳など英語関連職を経てアウトドア用品輸入販売会社のマーケティングを担当。現在は通訳、翻訳の仕事の傍ら、月刊誌『アーマーモデリング』、『モデルグラフィックス』（共に小社刊）を中心にミリタリー系の情景模型を製作・発表している。

オスプレイ・ミリタリー・シリーズ
世界の戦車イラストレイテッド 35

## クロムウェル巡航戦車 1942-1950

| | |
|---|---|
| 発行日 | 2007年10月27日　初版第1刷 |
| 著者 | デイヴィッド・フレッチャー<br>リチャード・C・ハーレイ |
| 訳者 | 篠原比佐人 |
| 発行者 | 小川光二 |
| 発行所 | 株式会社大日本絵画<br>〒101-0054　東京都千代田区神田錦町1丁目7番地<br>電話：03-3294-7861<br>http://www.kaiga.co.jp |
| 編集 | 株式会社アートボックス<br>http://www.modelkasten.com/ |
| 装幀・デザイン | 八木八重子 |
| 印刷/製本 | 大日本印刷株式会社 |

©2006 Osprey Publishing Limited
Printed in Japan
ISBN978-4-499-22882-4　C0076

**Cromwell Cruiser Tank 1942-50**
David Fletcher  Richard C Harley

First Published In Great Britain in 2006,
by Osprey Publishing Ltd, Elms Court,
Chapel Way, Botley Oxford, OX2 9Lp.
All Rights Reserved.
Japanese language translation
©2007 Dainippon Kaiga Co., Ltd